全球环境基金水资源与水环境综合管理主流化项目承德市示范应用成果

生态环境部对外合作与交流中心
生态环境部环境规划院　**著**
河北省承德市生态环境局

上海大学出版社
·上海·

图书在版编目(CIP)数据

全球环境基金水资源与水环境综合管理主流化项目承德市示范应用成果 / 生态环境部对外合作与交流中心，生态环境部环境规划院，河北省承德市生态环境局著. ——上海：上海大学出版社，2021.12
ISBN 978 - 7 - 5671 - 4441 - 5

Ⅰ. ①全… Ⅱ. ①生… ②生… ③河… Ⅲ. ①水资源管理－全球环境－基金项目－研究成果－中国 Ⅳ. ①TV213.4

中国版本图书馆 CIP 数据核字(2021)第 263263 号

责任编辑　李　双
封面设计　柯国富
技术编辑　金　鑫　钱宇坤

全球环境基金水资源与水环境综合管理主流化项目
承德市示范应用成果
生态环境部对外合作与交流中心
生态环境部环境规划院　著
河北省承德市生态环境局
上海大学出版社出版发行
(上海市上大路 99 号　邮政编码 200444)
(http://www.shupress.cn　发行热线 021 - 66135112)
出版人　戴骏豪
*
南京展望文化发展有限公司排版
广东虎彩云印刷有限公司印刷　　各地新华书店经销
开本 787mm×1092mm　1/16　印张 11　字数 208 千
2021 年 12 月第 1 版　2021 年 12 月第 1 次印刷
ISBN 978 - 7 - 5671 - 4441 - 5/TP·5　定价　88.00 元

本书编委会

前　言

渤海是中国最北的近海,由辽东湾、渤海湾、莱州湾和中央海盆组成,入海的主要河流有黄河、辽河、滦河和海河。滦河流域作为入渤海的主要河流,由于流域内城市化进程发展迅速,人口聚集度高,经济活动比较大,加之自然资源禀赋承载能力有限,区域水生态系统遭受不同程度的干扰和破坏,流域水资源与水环境问题突出。

为了提高滦河流域水资源与水环境的综合管理水平,减轻流域水污染状况,改善渤海的水环境质量,在全球环境基金和世界银行的大力支持下,生态环境部和水利部在2015年启动了"GEF水资源与水环境综合管理主流化项目"(简称"GEF主流化项目"),全球环境基金赠款950万美元,各级财政配套投入9 500万美元(环保、水利在执行工程项目配套)。滦河子流域及承德市项目区作为试点示范区和研究对象,采用基于耗水(ET)/环境容量(EC)/生态系统服务(ES)(简称"3E")主流化方法,编制执行水资源与水环境综合管理行动计划,提高了灌溉水的利用效率,减少了水污染排放,增加了河流生态流量。在国内外合作伙伴的共同努力下,完成了项目既定目标,树立了国内环保、水利跨部门合作开展流域水资源与水环境综合管理的典范。

本书主要包含四部分内容。第一部分对承德市区域概况、水资源水环境水生态问题及项目目标进行了整体概述。第二部分对该研究的主要内容与技术框架作了简介。在承德市示范区设计了2类7个子项目。为了完成GEF主流化项目,建立了高效的组织和保障机制:一是生态环境部和水利部GEF主流化项目办与河北省承德市生态环境局、水务局签署了四方合作框架协议;二是河北省水利厅、承德市水务局与河北省生态环境厅、承德市生态环境局的相关职能部门就滦河子流域目标值分配计划分别同其他利益相关者签署合作协议。第三部分对主要技术方法与创新成果进行了详细阐释,包含"滦河流域水污染综合状况监测与评估""滦河流域水生态状况评估与对策研究""滦河子流域基于ET/EC的排污定额管理""基于遥感技术的面源污染空间管控方法的开发和应用示范""工业园区开展基于耗水(ET)的水会计与水审计示范"等模块。最后一部分囊括了"点源污染排放权及交易研究与示范"和"承德市级水资源与水环境综合管理规划"两项

1

示范项目成果。

为了更好地推动 GEF 主流化项目成果的宣传推广,生态环境部对外合作与交流中心、环境规划院和河北省承德市生态环境局精心编撰了本书,在本专著出版发行之际,谨向所有参与项目管理实施和课题研究工作的专家代表致以衷心的感谢。智者千虑,必有一失。书中难免存在不足与疏漏之处,敬请各位专家学者批评指正。

2021 年 12 月

目　　录

1　项目背景与区域概况　　　　　　　　　　　　　　　1

1.1　项目背景与区域概况　　　　　　　　　　　　　　　1
  1.1.1　项目背景　　　　　　　　　　　　　　　1
  1.1.2　区域概况　　　　　　　　　　　　　　　2
1.2　水资源、水环境和水生态环境问题　　　　　　　　　5
  1.2.1　水资源问题　　　　　　　　　　　　　　5
  1.2.2　水环境问题　　　　　　　　　　　　　　6
  1.2.3　水生态问题　　　　　　　　　　　　　　8
1.3　项目目标　　　　　　　　　　　　　　　　　　　9
  1.3.1　项目具体目标　　　　　　　　　　　　　9
  1.3.2　实现项目目标的方式　　　　　　　　　　9

2　主要内容与组织管理　　　　　　　　　　　　　　10

2.1　主要内容　　　　　　　　　　　　　　　　　　10
2.2　项目组织管理　　　　　　　　　　　　　　　　10

3　主要技术方法与创新成果　　　　　　　　　　　　12

3.1　滦河流域水污染综合状况监测与评估　　　　　　　12
  3.1.1　主要研究内容　　　　　　　　　　　　12
  3.1.2　技术路线　　　　　　　　　　　　　　13
  3.1.3　重要控制单元多年水质和水量变化　　　13
  3.1.4　滦河流域承德段水质水量分析　　　　　16

3.1.5　问题与建议　21

　　3.1.5.1　问题与挑战　21

　　3.1.5.2　对策与建议　22

3.2　滦河流域水生态状况评估与对策研究　31

　3.2.1　项目目标和意义　31

　　3.2.1.1　项目目标　31

　　3.2.1.2　项目意义　32

　3.2.2　主要内容与技术框架　33

　　3.2.2.1　主要内容　33

　　3.2.2.2　技术框架　34

　3.2.3　主要技术方法与创新成果　34

　　3.2.3.1　流域水生态修复管控分区　34

　　3.2.3.2　流域生态健康评估　42

　　3.2.3.3　流域水生态管理与保护修复对策　48

　3.2.4　主要创新点　54

3.3　滦河子流域基于 ET/EC 的排污定额管理　54

　3.3.1　项目背景　54

　　3.3.1.1　立项意义　54

　　3.3.1.2　研究目标　55

　3.3.2　研究内容与技术路线　55

　　3.3.2.1　研究内容　55

　　3.3.2.2　技术路线　56

　3.3.3　主要研究成果　57

　　3.3.3.1　控制单元清单划分　57

　　3.3.3.2　流域控制单元环境容量　59

　　3.3.3.3　控制单元达标方案设计　63

　3.3.4　政策建议　69

　　3.3.4.1　提高水资源利用效率　70

　　3.3.4.2　继续推进水环境治理　71

　　3.3.4.3　着手生态修复　74

　3.3.5　结论　74

3.4　基于遥感技术的面源污染空间管控方法的开发和应用示范　75

3.4.1 研究背景和研究意义 75

3.4.2 研究主要内容 75

3.4.3 技术方法 76

3.4.4 核心结论和主要成果 76

3.4.5 主要创新点 81

3.5 工业园区开展基于耗水(ET)的水会计与水审计示范 81

3.5.1 项目背景 81

3.5.2 项目研究内容与技术路线 82

3.5.2.1 研究内容 82

3.5.2.2 技术路线 83

3.5.3 水平衡水会计水审计集成的"三水"综合技术方法体系 83

3.5.3.1 概念 83

3.5.3.2 技术方法体系 83

3.5.4 示范应用 88

3.5.4.1 用水单元确定 88

3.5.4.2 水平衡计算结果 90

3.5.4.3 水平衡结果分析 97

3.5.4.4 会计核算 99

3.5.4.5 水审计指标体系构建 101

3.5.4.6 水审计指标的度量、分级和赋分 102

3.5.4.7 指标计算表 103

3.5.4.8 水审计结果分析 103

3.5.5 水会计与水审计示范效益 109

3.5.6 水会计与水审计示范创新点 110

4 示范项目成果 112

4.1 点源污染排放权及交易研究与示范 112

4.1.1 项目意义 112

4.1.2 研究内容 113

4.1.3 示范项目可行性分析 114

4.1.4 承德市排污权交易机制构建及技术要点 116

4.1.4.1　承德市排污权交易机制总体思路　116

4.1.4.2　承德市排污权交易机制交易原则　116

4.1.4.3　承德市排污权交易机制技术要点　117

4.1.5　承德市排污权交易示范案例　120

4.1.5.1　示范单位概况　120

4.1.5.2　排污权交易的主体与交易模式　121

4.1.5.3　排污权交易的来源　121

4.1.5.4　排污权定价　122

4.1.5.5　排污权交易的流程　122

4.2　承德市级水资源与水环境综合管理规划(IWEMP)　126

4.2.1　3E 融合规划体系构建思路和技术路线　126

4.2.1.1　构建思路　126

4.2.1.2　IWEMP 研究的技术路线　127

4.2.2　承德市滦河流域控制单元划分　127

4.2.3　目标 ET、EC、ES 研究　127

4.2.3.1　ET、EC、ES 计算方法　127

4.2.3.2　ET 计算结果　139

4.2.3.3　目标 ET 设计　141

4.2.3.4　目标 EC 设计　143

4.2.3.5　目标 ES 设计　146

4.2.4　基于 ET、EC 和 ES 目标值的滦河流域各控制单元水资源与
水环境综合管理措施　151

4.2.5　保障措施　153

5　项目成效与经验总结　155

5.1　项目实施成效——承德市示范区具体实施效果　155

5.2　实施经验　156

5.2.1　实施成效　156

5.2.2　"两手抓"工程项目实施　159

5.2.3　项目创新经验的总结　161

1 项目背景与区域概况[*]

1.1 项目背景与区域概况

1.1.1 项目背景

由世界银行作为国际执行机构,并由生态环境部和水利部共同组织实施的全球环境基金赠款资助的"GEF 海河流域水资源与水环境综合管理项目"(以下简称"GEF 海河项目"),旨在提高流域水资源与水环境的综合管理水平,减轻流域水污染状况,从而改善渤海的水环境质量。在 GEF 海河项目中,实践了耗水(Evapotranspiration, ET)控制的水资源管理新理念,极大地推动了流域和区域水资源与水环境的综合管理和科学决策,但其中对水环境、水生态管理方面的技术应用仍然不足。为此,在中国财政部和世界银行的支持下开发了全球环境基金(GEF)水资源与水环境综合管理主流化项目(简称"GEF主流化项目"),该项目进一步丰富了对水环境、水生态方面的研究内容,并以滦河子流域及承德市项目区、滹沱河子流域及石家庄市项目区为重点研究对象,以期通过本项试点示范项目研究与实施,为进一步提高流域和区域水资源与水环境综合管理工作和决策水平,提供全面的强有力的技术支持服务。

承德市是 GEF 主流化项目重要示范区之一。在充分研究相关流域和区域现状水资源、水环境特点及存在问题的基础上,项目引入基于耗水(ET)/环境容量(EC)/生态服务系统(ES)的 3E 目标管理。3E 是以 ET 耗水管理为核心的水资源、水环境和水生态主流化治理理念和方法。3E 目标中 ET 耗水是核心,ET 决定多少水通过消耗而进入生态系统大循环,即满足区域经济持续向好发展与和谐社会建设要求的(最多)可消耗水量。通过保障生活用水,采取工业和农业节水等措施减少可控 ET 消耗,并确保每个控制单元的出流量大于生态流量,体现节水即减污,既能影响水环境容量(EC),也能间接增加生态流

---

* 由续衍雪、孙宏亮、杨晶晶、殷丙超、尹崧、殷明慧、罗爱民、张成波、李宣瑾执笔。

量,改善生态环境状况;以 EC 为起点,EC 决定为环境保留的剩余污染物的水环境承载容量。通过控制污染物入河量确保水质达标,并确保不超过水质目标要求的理想水环境容量(EC),一方面能保障用水安全,另一方面也能保障生物生存条件;以 ES 为起点,通过保障生态流量、水生生物生存条件和生态空间发展需求,根据生态流量计算出新的理想水环境容量(EC),在研究区域各类污染源排放情况下,需要 ET 和 EC 相互协调反馈,使水质达到目标要求。在流域管理中,以 3E 为核心编制流域水资源水环境综合管理规划(IWEMP),通过各种工程和非工程措施,有效缓解承德市水资源短缺问题,改善水环境质量,恢复水生态状况,实现水资源与水环境综合管理。其中蕴含的一些流域水资源与水环境综合管理的新理念、新技术和新方法,是在流域水资源、水环境管理上的创新,又是对我国传统水资源与水环境管理理论与方法的改革。

1.1.2　区域概况

项目研究区域为承德市滦河流域,介于东经 $115°54'\sim118°56'$,北纬 $40°11'\sim42°40'$ 之间,总土地面积约 2.63 万 km^2,占承德市行政区总面积的 66.6%,主要涉及双桥区、双滦区、鹰手营子矿区、承德县、隆化县、滦平县、围场满族蒙古族自治县、丰宁满族自治县、兴隆县、平泉市、宽城满族自治县等 11 个项目县(市、区)的 166 个乡镇(见图 1-1 和表 1-1)。

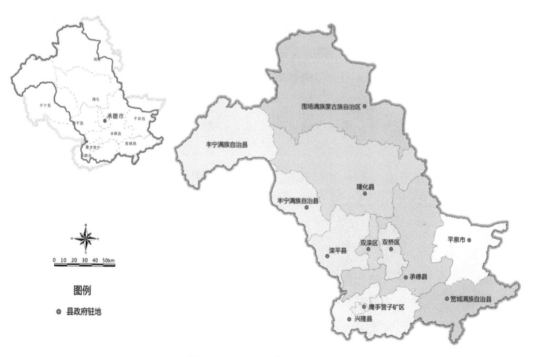

图 1-1　项目研究区域示意图

表 1-1　项目研究范围涉及乡镇列表

县(市、区)	项目乡镇名称
双桥区(14 个乡镇)	上板城镇、双峰寺镇、狮子沟镇、水泉沟镇、中华路街道、头道牌楼街道、西大街街道、潘家沟街道、石洞子沟街道、新华路街道、桥东街道、牛圈子沟镇、大石庙镇、冯营子镇
双滦区(8 个乡镇)	西地镇、大庙镇、陈栅子镇、偏桥子镇、双塔山镇、元宝山街道、滦河镇、钢城街道
鹰手营子矿区(5 个乡镇)	寿王坟镇、汪家庄镇、北马圈子镇、鹰手营子镇、铁北路街道
承德县(23 个乡镇)	上谷镇、两家满族乡、磴上镇、岗子满族乡、高寺台镇、三家镇、头沟镇、岔沟乡、五道河乡、仓子乡、三沟镇、六沟镇、孟家院乡、石灰窑乡、东小白旗乡、鞍匠镇、刘杖子乡、新杖子镇、大营子乡、下板城镇、八家乡、甲山镇、满杖子乡
隆化县(25 个乡镇)	唐三营镇、茅荆坝乡、七家镇、荒地乡、章吉营乡、偏坡营满族乡、汤头沟镇、韩麻营镇、中关镇、张三营镇、山湾乡、西阿超满族蒙古族乡、庙子沟蒙古族满族乡、尹家营满族乡、安州街道、白虎沟满族蒙古族乡、郭家屯镇、韩家店乡、湾沟门乡、八达营蒙古族乡、蓝旗镇、旧屯满族乡、太平庄满族乡、步古沟镇、碱房乡
滦平县(10 个乡镇)	红旗镇、中兴路街道、滦平镇、长山峪镇、付营子乡、大屯镇、张百湾镇、西沟满族乡、金沟屯镇、小营满族乡
围场满族蒙古族自治县(24 个乡镇)	哈里哈乡、国营御道口牧场、老窝铺乡、西龙头乡、南山嘴乡、石桌子乡、城子乡、大头山乡、下伙房乡、牌楼乡、黄土坎乡、四道沟乡、兰旗卡伦乡、燕格柏乡、半截塔镇、道坝子乡、四合永镇、围场镇、大唤起乡、龙头山镇、棋盘山镇、腰站镇、御道口镇、塞罕坝机械林场
丰宁满族自治县(13 个乡镇)	波罗诺镇、外沟门乡、苏家店乡、草原乡、万胜永乡、鱼儿山镇、四岔口乡、选将营乡、西官营乡、凤山镇、王营乡、大滩镇、北头营乡
兴隆县(13 个乡镇)	雾灵山乡、兴隆镇、李家营乡、大杖子乡、平安堡镇、北营房镇、三道河乡、安子岭乡、蘑菇峪镇、半壁山镇、大水泉乡、蓝旗营镇、南天门满族乡
平泉市(13 个乡镇)	七沟镇、台头山镇、杨树岭镇、王土房乡、平泉镇、南五十家子镇、道虎沟乡、卧龙镇、茅兰沟满族蒙古族乡、青河镇、小寺沟镇、党坝镇、梓椤树镇
宽城县(18 个乡镇)	苇子沟乡、汤道河镇、大字沟门乡、龙须门镇、宽城镇、独石沟乡、亮甲台镇、板城镇、东黄花川乡、化皮溜子镇、峪耳崖镇、碾子峪镇、孟子岭乡、梓罗台镇、铧尖乡、松岭镇、塌山乡、大石柱子乡

滦河沿途接纳了众多支流,其中承德市境内流域面积大于 1 000 km² 的有小滦河、兴洲河、伊逊河、武烈河、老牛河、柳河和瀑河(见表 1-2)。

表 1-2　承德市滦河主要支流概况

序号	支流名称	流域概况
1	小滦河	发源于塞罕坝上老岭西麓,流向由北向南,至隆化县郑家屯汇入滦河,河宽 30～60 m,河床为砂卵石,常年有水
2	兴洲河	发源于丰宁县化吉营乡境内冰郎山(史称沙尔呼山)的南北两侧,二源在化吉营村南汇合后水势渐大,由西北向东南流经丰宁县,南流入滦平县,至张百湾入滦河。常年有水

序号	支流名称	流 域 概 况
3	伊逊河	发源于围场县哈里哈老岭山麓。流经围场县，于隆化县存瑞乡山咀村与蚂蚁吐河汇流，南下入滦平县，至承德市滦河乡汇入滦河
4	武烈河	发源于隆化县太后梁一带山谷中，河道在下中官村以上，河宽仅 500 m，下中关村以下宽 500～1 000 m，河床为沙卵石，间有河滩地，两岸山势较低，黄土覆盖较厚，耕地不少，且山坡亦多垦殖，水土流失严重
5	老牛河	发源于承德粗子沟分水岭，河道上游宽约 500 m 左右，至下游逐渐展宽至 1 000 m 左右，河床为沙卵石，三沟以上两岸山势较高，多有林木，三沟以下山势渐缓，林木少而耕地较多
6	柳　河	发源于兴隆县南双洞乡六里坪山麓，常年有水。枯水季节水流平缓，汛期水大流急。河道迂回山岳之间，急弯甚多
7	瀑　河	发源于平泉市石拉哈沟乡七老图山西麓，由北向南穿过平泉市，再进入宽城县，至宽城县瀑河口入滦河

截止到 2018 年底，承德市滦河流域内总人口 302.2 万人，占承德市总人口 79.0%。其中人口主要分布在双桥区、承德县、平泉市、隆化县及围场县，双滦区、鹰手营子矿区、丰宁县人口分布较低。其中非农人口 83.46 万人，占比 29.5%，农业人口 199.34 万人，占比 70.5%。

图 1 - 2　承德市滦河流域水系范围图

2018 年,承德市实现地区国内生产总值(Gross Domestic Product,GDP)1 481.5 亿元,比上年增长 6.4%。其中,第一产业增加值 267.5 亿元,增长 6.8%;第二产业增加值 537.3 亿元,增长 3.0%;第三产业增加值 676.7 亿元,增长 10.2%。

1.2 水资源、水环境和水生态环境问题

1.2.1 水资源问题

承德市多年平均水资源总量为 37.6 亿 m^3(1956～2000 年系列分析)。承德市水资源受降雨及地形地貌等因素的影响,在时空分布上极不均匀,年内、年际变化都很大。承德市多年平均降水量为 533 mm,其中 70%～80% 降雨集中在每年的 7～9 月份。降雨年际、年内变化较大,总趋势由北向南逐步递增。北部地区多年平均降雨量为 400～500 mm,中部地区为 500～650 mm;南部地区为 650～750 mm。在地区分布上水资源的总体趋势是从北向南、从上游向下游递增。全年径流近 70% 集中在汛期(6～9 月),特别是丰水年汛期径流量占全年径流量的 80% 以上,然而在农业大量需水的 4、5 月份径流量最小,仅占全年径流量的 8% 左右。承德市水体径流量的年际变化也很大,1959 年径流量最大为 109.06 亿 m^3,2000 年最小为 9.23 亿 m^3,两者相差近 12 倍。近年来由于气候变化及降水量减少等影响,平均水资源总量不足 20 亿 m^3。

"十二五"期间,承德市年平均用水总量为 9.26 亿 m^3,其中农业用水 5.67 亿 m^3,占 61%;工业用水 2.02 亿 m^3,占 22%;生活用水 1.52 亿 m^3,占 16%;生态 0.05 亿 m^3,不足 1%。

1. 用水效率偏低

农业用水方面,承德市项目县(区)稻田以传统的串灌方式为主,每亩用水量达到 1 200～2 000 m^3;玉米、小麦等作物主要采用传统的地面灌溉方式,每亩用水量为 300～400 m^3。目前,承德市滦河流域内项目县(区)农业用水生产率较低,为 0.6 kg/m^3,低于全国平均水平的 1 kg/m^3。生活用水方面,虽然城镇生活节水器不断普及以及农村给排水设施不断完善,但生活水平的提高,仍然促使人均生活用水量有所增长。2018 年滦河流域人均生活用水量为 112 L/(人·d),城镇居民人均生活用用水量为 156 L/(人·d),农村生活人均用水量为 80 L/(人·d),略高于河北省人均水平,低于全国平均水平。工业用水方面,工业耗水率为 73.1%,高于河北省的平均水平 62.4%;工业用水重复利用率为 72%,低于全国平均水平。

2. 水资源总体相对匮乏

承德市滦河流域水资源主要依靠降水,多年平均降水量为 600 mm。但全年降水量的 80％集中在 6～9 月,而在农业大量需水的 4～5 月降水量较小,导致 4、5 月份径流量较小,仅占全年径流量的 10％左右。水资源年内分配的不均衡性给水资源利用带来了一些困难,汛期洪水很难利用,枯季无水可用。水资源的区域分布与生产力布局不相匹配。承德市中部地区的双滦区和双桥区,人口占承德市总人口的 15.6％,耕地占承德市总耗地面积的 1.9％,工业建筑业占承德市总工业建筑业的 49.4％,商饮服务业占承德市总商饮服务业的 25.5％,人均水资源量为 156.4 m³,属人多、地少、经济发达、水资源最为缺乏的地区。南部的兴隆县人口占承德市总人口的 9.0％,耕地占承德市总耕地面积的 13.4％,工业建筑业占承德市总工业建筑业的 7.8％,商饮服务业占承德市总商饮服务业的 8.6％,人均水资源量为 2 302.4 m³,亩均资源量为 3 491.5 m³,属人较少、地较多、经济一般发达、水资源最为丰富地区。其他地区虽然人均资源量都在 700 m³ 以上,但北部的围场县、丰宁县、隆化县以及中部的平泉市亩均水资源量却在 600 m³ 以下,这 4 个项目县(区)的耕地面积占全承德市总耕地面积的 71.7％,农业缺水问题比较严重。

3. 部分河段生态用水不足

滦河流域内兴建了多个跨流域引水工程,形成以滦河流域为母体,辐射承德市、唐山市、秦皇岛市等 3 座大中城市的滦河水资源经济区,随着京津冀区域社会经济的发展,未来滦河流域水资源供需矛盾将日趋紧张。大量取用滦河水及地下水资源,造成了滦河下游地区严重的水环境问题,主要表现为河道径流减少、湿地退化、水体污染严重、地下水位持续下降和植被退化等。为了提高滦河防洪标准、改善城市水环境,滦河流域内近几年先后建设了 70 余道橡胶坝挡水工程,总蓄水量达到 440 万 m³。此外,双峰寺水库水电站也已基本建设完成,将进一步增强流域蓄水供水能力。然而,河道上橡胶坝、双峰寺水库工程的建设,造成了河道下泄水量减少,滦河下游部分河段枯水期生态流量将难以保障。

1.2.2 水环境问题

1. 城镇环境基础设施建设仍不完善

城市环境基础设施建设仍不完善。承德市部分项目县(区)城镇集中式污水处理厂部分时段达到满负荷运行,排水高峰期时经常出现污水溢流情况;同时,承德市个别项目县(区)污水收集管网雨污分流不彻底,汛期时大量雨水进入污水管网,溢流现象严重。污水处理厂尾水对河流水质影响较大。目前,承德市滦河流域项目县(区)共有城市污水处理厂 13 座,全部执行《城镇污水处理厂污染物排放标准》(GB18918—2002)中的一级 A 标准,但尾水水质为劣Ⅴ类标准,仍与断面控制标准相差悬殊。尤其是每年冬季进入枯水期后,降雨量减少,河道自净能力下降,河流中的地表水主要为县级污水处理厂的外排水,造成下游河流断面水质不稳定,有超标现象。特别是双滦区太平庄污水处理厂和承德县污水处理厂,距离下游监测控制断面距离较近,县级污水处理厂排放的尾水得不到有效净化,导致偏桥子大桥断面和上板城大桥断面时常出现超标现象。村镇环境基础设施建设薄弱。大部分乡镇尚未建设集中式污水处理设施或污水收集管网建设不完善,干支流沿岸村庄,均未建设分散式污水处理设施,导致乡镇及农村生活污水垃圾存在直接排放至环境中的现象。

2. 农业面源污染形势严峻

承德市滦河流域内项目县(区)种植业污染源排放比例较大,其中,隆化县、围场县、滦平县、丰宁县等主要污染物排放量相对较多。滦河流域沿河道的牲畜散养量较高,隆化县、围场县、滦平县和承德县的主要污染物排放量较大,目前,部分养殖产生的污染物随地表水径流间接流入河流,对河流水质造成了一定的影响。

3. 工业企业污染不容忽视

承德市滦河流域内约 60% 的企业为采矿业,其中以铁矿为主,矿区部分企业由于生产设施落后,存在尾矿砂随雨水入河等情况,造成河床淤积、部分河段水质超标等现象(图 1-3)。

图 1-3 河道采砂洗砂情况

1.2.3 水生态问题

滦河流域土地沙化极敏感区面积约占 1.6%,主要零散分布在围场县东北部及西北部、丰宁县西北部等地区。流域内水土流失面积约 9 424 km²,占承德市国土总面积的 23.9%,占河北省水土流失总面积的 23.6%。尤其是滦河流域上游地区,如从内蒙古自治区有关地市到承德市的滦河入境处、小滦河御道口和南山咀等多处为沙土裸露地,植被覆盖率低,土壤沙化、干化严重,不同季节的风蚀和水蚀造成大量泥沙进入水体,使水体浑浊度高,导致污染物浓度超标倍数增大,生态环境日趋脆弱(见图 1-4);同时,泥沙含量大不利于橡胶坝等多种污水处理设施的运行,严重影响河流水体的整治。泥沙含量大是总磷超标的主要问题之一。

图 1-4 滦河干流上游水体浑浊沿岸沙化严重

1.3　项目目标

GEF 主流化项目的总体目标为：通过结合耗水（ET）、环境容量（EC）和生态系统服务（ES）的水资源与水环境综合管理理念，旨在项目试点示范区内提高流域和区域水分生产率，减少用水量和水污染，以此引导和控制地下水超采、水资源利用和污染物排放，并将创新性的水资源与水环境综合管理方法应用推广到流入渤海的海河、辽河、黄河三大流域。

1.3.1　项目具体目标

GEF 主流化项目具体目标为：

（1）把基于耗水（ET）/环境容量（EC）技术的水资源与水环境综合管理活动主流化，并将之形成综合管理模式；

（2）在试点示范地区执行水资源与水环境综合管理行动计划，以减少水资源消耗量（耗水）和污染排放量；

（3）进行流域和区域水资源与水环境综合管理方面的能力建设。具体成果应用以承德市为典型，对滦河流域水环境容量、水环境控制单元划定、点源和非点源污染控制、排污许可执行、水资源利用管控等方面成果进行总结，特别是与承德市地方工作结合，并对滦河流域近几年水质水量数据进行分析，从而得出环境效益。

1.3.2　实现项目目标的方式

本项目将主要通过以下方式实现上述目标：

（1）在耗水（ET）上限内，采用一切可能的方式来高效地用水，提高灌溉水的利用效率；

（2）在环境容量（EC）上限内，减少水污染排放；

（3）增加河流生态流量。上述措施将会尽量降低对渤海生态系统的负面影响，为全球环境效益（Global Enviromental Benefit，GEB）的实现作出贡献。

2 主要内容与组织管理

2.1 主要内容

GEF 主流化项目在承德市示范区设计了 2 类 7 个子项目,清单如表 2-1 所示。

表 2-1 承德市示范区项目清单

类 型	项 目 名 称
主流化技术方法与创新	滦河流域水污染综合状况监测与评估项目
	滦河流域水生态状况评估与对策研究项目
	滦河子流域基于 ET/EC 的排污定额管理项目
	基于遥感技术的面源污染空间管控方法的开发和应用示范项目
	工业园区开展基于耗水(ET)的水会计与水审计示范项目
示范项目	点源污染排放权及交易研究与示范
	基于耗水/环境容量的滦河子流域目标值分配计划和承德市级水资源与水环境综合管理规划(IWEMP)

2.2 项目组织管理

GEF 主流化项目建立了承德市联合项目办,生态环境部对外合作与交流中心负责指导项目在承德市的实施。

为了完成 GEF 主流化项目,建立了高效的组织和保障机制,生态环境部 GEF 主流化项目办和水利部 GEF 主流化项目办与承德市生态环境局、水务局签署了四方合作框架协议;此外,承德市生态环境局与市水务局也签署了项目合作框架协议,为滦河子流域规划编制、水环境管理平台建设等工作提供机制保障,有效解决了项目实施中的水质、水量数据共享等问题,积极地促进了部门间合作,今后还将在"十四五"流域水环境保护中继续发挥沟通协调的作用。该项目最大限度地进行横向和纵向的结合,建立了横向和纵向的项目协调机制,从体制与机制上为实现流域和区域水资源与水环境综合管理提供了制度保障。

全球环境基金(GEF)水资源与水环境综合管理主流化项目组织机构如图2-1所示。

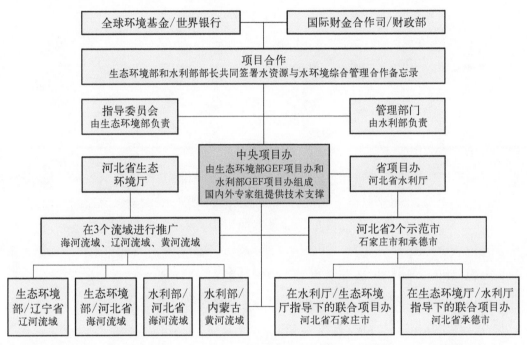

图2-1　全球环境基金(GEF)水资源与水环境综合管理主流化项目组织机构图

3 主要技术方法与创新成果

3.1 滦河流域水污染综合状况监测与评估*

3.1.1 主要研究内容

1. 滦河流域水质、水量、污染源状况监测分析

根据滦河流域水系分布,结合河北省"水五十条"目标责任书中地表水水质目标,在滦河流域干流、一级支流等主要水系及部分重要控制单元,设置水质监测断面,开展水量、水质常规监测,并对全流域重要的水系的历史数据进行采集、购买补充,整体建设滦河流域承德段3年(2019～2021年)的观测数据库;综合分析河流水环境污染与水资源状况,评价2019～2021年滦河水环境质量类别,评价滦河水文水资源状况,分析滦河流域水环境质量与水文、水资源空间变化;根据控制单元划分情况,开展流域污染源调查与污染数据建设工作,明确对滦河干流主要监控断面有主要影响污染源的分布情况,分析污染源数量、排放状况与污染负荷组成,分析对水质监测断面实现水质目标的影响。

2. 滦河流域水污染状况评估

基于流域水资源与水环境综合管理的理念,围绕国家"水十条"要求和河北省"水五十条"要求,开展滦河流域水污染、水资源状况综合分析工作,具体内容包括:基于中国当前水质水量的分析标准,评估滦河流域水环境质量、水资源状况、水污染源状况等,研究水质、水量、污染源近3年的变化趋势等;根据滦河流域近年整体开展的水污染治理和节水措施等工作,开展水量水质的定量评估,评估近年水环境、水资源变化情况;基于流域水污染综合状况评估,开展流域重点问题的识别工作,包括识别滦河流域重点问题所在区域、重点问题对象,列出问题清单等。

---

* 由赵晓红、韩枫、李宣瑾、李红颖、张成波、李振兴、陈静、刘晶晶、苑秋菊、洪志方执笔。

3. 滦河流域水资源与水环境综合管理效果评估

梳理滦河流域近年开展的水资源与水环境综合管理,开展每年综合管理工作对水环境质量、污染排放、水资源等状况改善的评估工作,计算评估 2019～2021 年滦河流域水环境质量逐年改善的状况以及滦河流域对标国家和省级要求的改善情况;评估滦河干流水文、水资源变化情况,基于几种主要污染物分析入海污染的变化情况,支撑流域水环境综合管理效果评估工作。

4. 滦河流域持续推进水资源与水环境综合管理有关对策措施与建议

根据滦河流域水量、水质、污染源状况监测评估结果,系统全面地总结滦河流域实施水资源与水环境综合管理的经验,分析存在的不足之处,并从控制单元管理、污染总量控制管理、排污权管理、环境容量管理等方面,提出进一步加快推进滦河流域实施水资源与水环境综合管理制度的针对性的对策措施与建议。

3.1.2　技术路线

2015 年是"十二五"规划的收官之年,同年发布的《水污染防治行动计划》标志着我国水环境治理进入新阶段;此后先后发布了《"十三五"全国城镇污水处理及再生利用设施建设规划》和《重点流域水污染防治规划(2016～2020 年)》,并于 2018 年发布了《关于全面加强生态环境保护,坚决打好污染防治攻坚战的意见》和《排污许可管理办法(试行)》。此外,GEF 水资源与水环境综合管理理念也为承德市流域治理思路提供了新角度。

以控制单元、水质、水量和污染源数据为基础,以 2015 年和 2018 年作为重要时间节点,对重点控制单元的水质水量的变化趋势(水质达标率、水质类别和流量变化)、污染物的排放状况(含生活污染、工业污染、农业种植和畜禽养殖)和水土流失情况(TP 的流失量)进行分析,总结 2011～2018 年滦河流域重点控制单元管理措施和流域多年管理成效。以 2019 年和 2020 年各控制单元的水质、水量、管理效果和 ET 分析反映流域现状,通过分析流域控制单元现状反馈滦河流域承德段多年管理措施和经验对流域水资源、水环境和水生态的成效与适用性。在此基础上总结现阶段滦河流域承德段存在的问题,并针对不同控制单元提出对策和建议。项目技术路线图如图 3-1 所示。

3.1.3　重要控制单元多年水质和水量变化

1. 水质变化特征

通过总结现已获取数据,整理 2011～2018 年滦河流域承德段重点控制单元的主段面水体水质、水量变化情况,并对水质和水量之间的相关性进行了分析。在此基础上,对 2015 年和 2018 年重点控制单元不同污染来源的主要污染物(COD、NH_3-N、TN 和 TP)

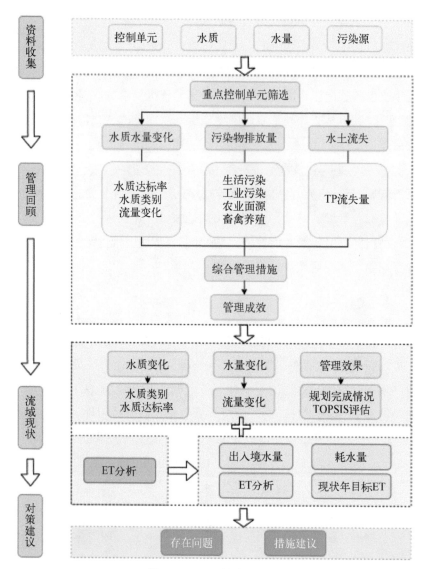

图 3-1　项目技术路线图

的排放情况进行估算,明确 2015～2018 年期间滦河流域承德段的污染减排情况,并结合滦河流域承德段各重点控制单元主要管理措施和工程项目,对流域管理已取得的综合成效进行分析与总结。

2011～2018 年上板城大桥、大杖子(一)、李台、上二道河子、大杖子(二)重点控制单元水体的水质均得到了一定改善,郭家屯、兴隆庄、唐三营、党坝控制单元的水质变化保持稳定。2011～2015 年重点控制单元水质超标时段覆盖全年,主要超标指标为有机污染物;2016～2018 年重点控制单元水质超标时段多为 3～5 月(融冰期)和 7～9 月(丰水期),主要超标指标为 TP 和有机污染物。与 2011～2015 年相比,2016～2018 年重点控制单元的水质达标率有所提高,水质有所改善。承德地区全年的降水量主要集中在夏季丰水期。此外,每年3~5月份随着气温逐渐升高,陆地积雪逐渐融化,雪融水迅速通过地表径流汇入河道,进而出现融冰期(桃花汛期),水流量明显增大。滦河上游坝上地区生态环境脆弱,且大多是坡耕地,土地沙化和水土流失问题严重。丰水期的大量雨水、融冰期的融雪径流携带泥沙及植物腐殖质进入水体,从而导致断面水体 I_{Mn} 和 TP 含量较高。冬春季节水温低,硝化作用缓慢,污水处理厂的尾水排放对河道中 NH_3-N 含量造成影响,导致水体中 NH_3-N 含量较高。

滦河上游是重要的水土流失防治区,2017 年位于滦河上游的丰宁水电站停止蓄水,丰水期大量径流带着泥沙进入河道,导致下游泥沙含量明显增加,从而导致水体中 TP 指标严重超标。此外,考虑到泥沙对于水质测定结果的影响,水体静置后测定其各项指标,结果显示,NH_3-N 未超标;TP 尚未超标,以可溶态为主;无机碳是水体中碳的主要形态。

2. 水量变化特征

利用 Mann-Kendall 趋势检验对 2011~2018 年重点控制单元断面的流量变化进行分析(见图 3-2),数据显示 2011~2018 年滦河干流大杖子(一)、大杖子(二)、上板城大桥、党坝和唐三营断面的流量均呈现出显著降低的变化态势。与 2015 年相比,2018 年郭家屯、李台、大杖子(一)、兴隆庄、大杖子(二)、党坝、上板城大桥和唐三营断面的年流量均有所上升。

2018 年流域内 27 眼地下水监测井中水质为较好的有 17 眼,占地下水监测井总数的 63.0%;水质较差的有 6 眼,占地下水监测井总数的 22.2%;水质极差的有 4 眼,占地下水监测井总数的 14.8%。氨氮、硝

图 3-2　重点控制单元断面流量变化趋势(2011~2018 年)

图例
ᗐ 显著降低
● 无显著变化
ᗒ 显著升高

0　25　50　　100 km

酸盐氮、亚硝酸盐氮均达到Ⅲ类及以上水平。根据用水统计数据分析,承德市居民生活用水、工业用水及农业用水中地下水供水量分别占地下水供水总量的 31.9%、27.6% 和40.5%,居民生活用水普遍使用地下水,工业用水、农业用水中地下水供水量分别占供水总量的 70%、30% 左右。2010 年以来,承德市滦河流域供水量保持稳定,多年平均供水量约 75 361.5 万 m^3,约占承德市各流域供水总量的 80%。流域供水主要依靠浅层地下水供水,平均占比达到 56%。因此,地下水污染严重影响承德市的水资源。

3. 综合管理成效

2011～2018 年承德市采取了一系列工程措施保障滦河流域水质达标,主要集中在工业结构调整、城市污水处理与再生利用、重点行业减排、规模化畜禽养殖水污染治理、农业面源污染防治、集中式饮用水源地保护、农村环境综合整治和生态环境修复等方面,主要的管理制度包括河长制、生态补偿制度、水资源管理"三条红线"刚性约束、实施水质差异化管控,主要的工程治理措施是河滨带湿地建设、落实"一段面一策"和水质预警分析、"三年百项治污工程"、"八百里滦河水质保护工程"、针对凌汛期、汛期、枯水期和平水期实施高标准精细化管理等,投资 120 余项工程,投资金额达到 50 多亿元,滦河流域上游以关闭污染企业和建设污水处理工程相结合为主要措施,中游以重点污染物减排和畜禽养殖水污染治理为主要手段,下游以建设污水处理与再生利用工程为主。

2015～2018 年,柳河大杖子(二)断面 TP 始终稳定在Ⅲ类,其他各控制单元的 COD、NH_3-N、TN 和 TP 都有了一定程度的削减。其中滦河郭家屯、滦河大杖子(一)、柳河大杖子(二)和滦河上板城大桥控制单元的 COD 和 NH_3-N 削减比例较大,滦河上板城大桥和伊逊河承德市唐三营控制单元的 TN 和 TP 削减比例较大。受煤矿开采和废弃矿坑的影响,水土流失状况尚未得到彻底改善,因此,柳河大杖子(二)控制单元内 TP 未实现削减。

通过分析滦河流域重点控制单元污染物排放总量减排与水环境质量达标率改善情况间的关系发现,2015～2018 年,郭家屯、兴隆庄(偏桥子大桥)、唐三营、三块石(26♯大桥)、大桑园和大杖子(二)控制单元的污染物排放总量减排与水环境质量达标率改善情况之间的相关性最好,大杖子(一)和上板城大桥控制单元的响应关系次之,党坝、上二道河子和李台控制单元的响应关系较差。因此,郭家屯、兴隆庄(偏桥子大桥)、唐三营、三块石(26♯大桥)、大桑园和大杖子(二)控制单元的污染物排放总量控制对水环境质量改善的意义非常突出,污染物排放总量控制对水质改善的效果优于其他控制单元。造成党坝、上二道河子和李台控制单元响应关系效率低的原因可能是:上游的郭家屯控制单元的污染物会随着水量向下游输送,从而影响其环境本底值。此外,河流干流区受河流输送的影响较大。

3.1.4 滦河流域承德段水质水量分析

1. 2019～2021 年各控制单元水质水量情况

根据滦河流域 2022 年水质目标设置,滦河流域大杖子(二)、上二道河子断面的水质目标为Ⅱ类,其余断面水质目标为Ⅲ类。如图 3-3 所示,2019～2020 年滦河流域承德段不同控制单元主断面水质情况较好,其中滦河流域郭家屯、偏桥子大桥、上板城大桥、唐三营、李台、26♯大桥和入海口断面出现Ⅳ类水,郭家屯、偏桥子大桥、上板城大桥和入海口监测断面出现Ⅴ类水,26♯大桥水质甚至出现劣Ⅴ类,其余断面的水质达到或优于Ⅲ类水。未达标控制单元主断面的主要超标指标为高锰酸盐指数、化学需氧量、NH_3-N、石油类和TP,超标时段主要分布在5~7月和10~12月。2020年仅上板城大桥断面在个别月份出现劣Ⅴ类水,26♯大桥、党坝、郭家屯、李台、偏桥子大桥、上板城大桥和唐三营断面出现Ⅳ类或Ⅴ类水,其余断面水质均达到或优于Ⅲ类水;主要超标指标为高锰酸盐指数和TP,超标时段集中在6~9月。

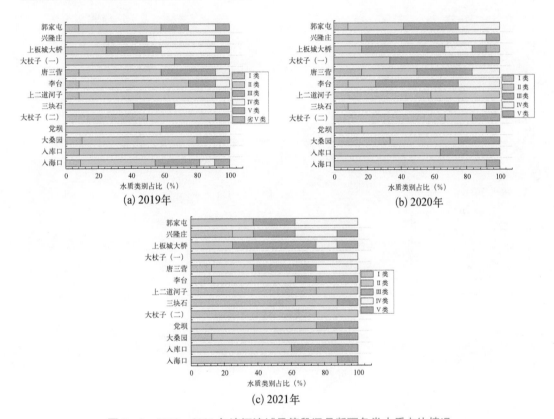

图3-3 2019~2021年滦河流域承德段逐月断面各类水质占比情况

2021年各主断面水质总体状况良好,无劣Ⅴ类水质出现,李台、大杖子(一)、郭家屯、兴隆庄、上板城大桥和唐三营断面出现Ⅳ类或Ⅴ类水,其余断面水质均达到或优于Ⅲ类水。主要超标指标为I_{Mn}和TP,主要超标时段集中在6~9月。与2018年相比,郭家屯、兴隆庄、大杖子(一)、上二道河子、大杖子(二)和党坝断面按月统计的水质类别有所上升。滦河流域承德段不同监测点位水质状况整体良好,所有断面均达到Ⅲ类及以上水质类别,部分断面年均值水质类别达到Ⅰ类,与2019和2020年相比,2021年1~10月各断面水质类别基本不变,入库口监测点位水质类别由Ⅲ类升为Ⅱ类。与2022年目标水质相比,受 2021 年丰水期的影响(非全年数据),仅大杖子(二)断面在 2020～2021 年尚未达到水质目标的Ⅱ类标准,2019～2021 年其余各断面水质类别均达到目标水质标准。

为明确滦河流域承德段的氮磷来源及污染成因,本研究进一步分析了流域氮、磷和碳分布(见图 3-4～3-6)。总体而言,滦河流域上游地区水土流失较严重,在雨水不断冲刷下,土壤有机质的分解及碳酸盐岩的分解作用,使水体中无机碳浓度升高;中游地区位于主城区,生活污染源对水质影响严重,有机碳含量较高;下游地区水流速缓慢,水流滞留时间长,无机碳占比较大。硝态氮是流域氮的主要来源,硝态氮带有正电荷,土壤胶体则大多为负电荷,因此,硝态氮大多以吸附态存在,上游地区硝态氮占总氮的比例较大。滦河流域存在总磷含量超过Ⅲ类水标准限值但可溶性磷浓度很小的现象,即大多数磷以颗粒态附着的形式存在,这一点在上游的郭家屯、李台等断面较为明显。因此,加强水土保持、流域生态修复和治理十分重要。

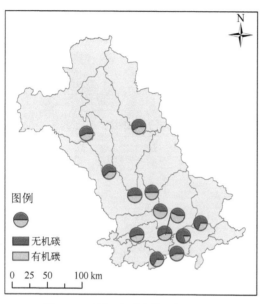

图 3-4 滦河流域承德段部分点位
无机碳和有机碳分布

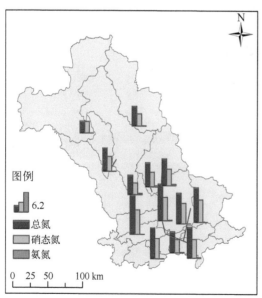

图 3-5 滦河流域承德段部分点位总氮、
硝态氮和氨氮分布

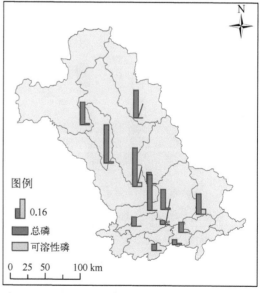

图 3-6 滦河流域承德段部分点位
总磷和可溶性磷分布

2019～2020 年滦河流域部分控制单元的重点月份流量数据显示,与 2019 年相比,2020 年 7～10 月滦河的两个水文站水量均有所升高,瀑河流域宽城水文站、武烈河承德水文站、柳河流域李营水文站的流量相对较低,滦河流域的流量均高于其他流域。

根据流域降水量、入境水量、出境水量、总可控耗水量、可控 ET、不可控 ET 等参数(见图 3-7)获得滦河流域各控制单元的目标 ET。对比 2019 年和 2021 年的目标 ET,2020 年各控制单元目标 ET 及滦河流域承德段的总目标 ET 相较 2019 年均有所下降,尤其是潘家口水库、大杖子(一)、大杖子(二)等控制单元,加强农业、工业和生活耗水的管控是有必要的。

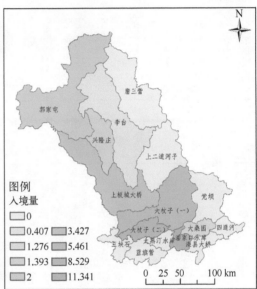

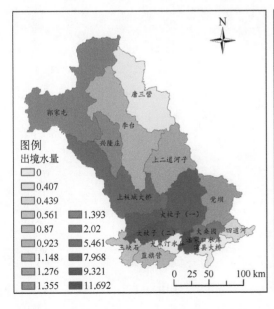

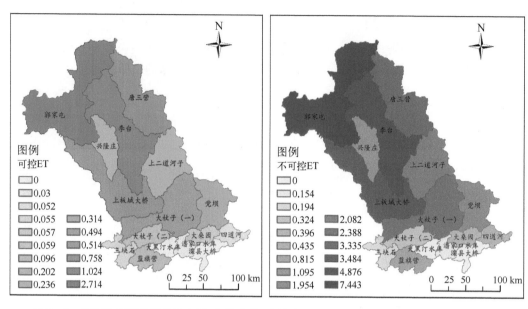

图3-7 滦河流域承德段的降水量、入境水量、出境水量、总可控耗水量、可控 ET 和不可控 ET

表3-1 2019~2021年滦河承德段各控制单元环境流量及目标 ET （单位：亿 m³）

河流	控 制 单 元	2019 年		2020 年		2021 年	
		环境流量	目标ET	环境流量	目标ET	环境流量	目标ET
滦河	滦河郭家屯控制单元	0.70	3.95	0.83	3.82	0.81	3.84
	滦河兴隆庄控制单元	0.69	4.26	0.81	4.14	0.79	4.16
	滦河上板城大桥控制单元	2.76	10.21	3.25	9.72	3.18	9.79
	滦河大杖子（一）控制单元	4.03	12.27	4.75	11.56	4.64	11.67
伊逊河	伊逊河唐三营控制单元	0.21	1.29	0.24	1.25	0.24	1.25
	伊逊河李台控制单元	0.47	3.00	0.55	2.91	0.54	2.93
武烈河	武烈河上二道河子控制单元	0.58	1.06	0.68	0.96	0.67	0.97
柳河	柳河三块石控制单元	0.28	0.40	0.33	0.35	0.33	0.36
	柳河大杖子(二)控制单元	4.72	13.20	5.55	12.37	5.43	12.49
瀑河	瀑河党坝控制单元	0.64	1.13	0.76	1.01	0.74	1.03
	瀑河大桑园控制单元	1.02	1.61	1.20	1.43	1.18	1.45
	潘家口水库控制单元	5.91	15.06	6.96	14.01	6.80	14.17
合 计			6.58	16.00	7.75	14.83	15.01

2. 水环境与水资源综合管理效果

采用基于熵值权重的 TOPSIS 评价法对研究区的 ET/EC/ES 综合管理效果进行分析和评估，TOPSIS法的接近度反映了评价方案与最优方案在位置上的接近或远离程度。

2015～2021 年承德市水资源与水环境综合管理效果不断提升，取得了一定的成效。受 2017 年水质变化的影响，2017 年的相对接近度较 2016 年有所增加但增幅较小，2019～2021 年因水资源总量相比于前几年较少，尽管水质有所提升，但是增幅有所降低。评估过程中主要考虑水质和水量等指标，尽可能减小降水量等天然因素对水资源总量的影响，建议在不同年份制定相应的调水策略，补充干涸河段，在提升水质的同时，保证河流充足的流量，达到水资源与水环境的协调平衡，保障区域的水生态安全。

3.1.5 问题与建议

3.1.5.1 问题与挑战

1. 水土流失问题严重

滦河流域上游水土流失问题突出，泥沙对水质影响较大。流域内水土流失面积约 9 424 km²，中度以上侵蚀面积约占流域面积的 49%，水土流失面积占全市总面积的 23.9%，占河北省水土流失总面积的 23.6%，主要零散分布在围场县东北部及西北部、丰宁县西北部等地区。尤其是上游地区（滦河入境处、小滦河御道口和南山咀等），该区域多处为沙土裸露地，植被覆盖率低，土壤沙化、干化严重。此外，2017 年 4 月丰宁水库改建无拦截功能后，滦河上游泥沙下泄，携带着大量磷污染物冲入下游，导致水质中含有大量磷污染物，部分时段 TP 浓度超标。同时，泥沙含量大不利于橡胶坝等多种污水处理设施的运行，影响流域的综合治理。

2. 农业面源污染问题突出

农业面源污染占比较大，河流总氮浓度维持在较高水平。滦河流域内种植业及畜禽养殖等农业面源污染排放比例占 50% 以上，农药等化合物流入池塘、小溪、河流等，最终汇入主要支流，给水环境带来一定压力。流域总氮浓度较高，2019 年总氮平均浓度为 5.4 mg/L，较河北省总氮平均浓度高 0.13 倍，比海河流域总氮平均浓度高 0.2 倍，比全国总氮平均浓度高 1.2 倍。双峰寺水库取水口总氮浓度为 5.35 mg/L，若按照湖库型水质评价，超 Ⅱ 类标准 9.7 倍，其中生活源贡献占比较大，约占 74.3%。

3. 生活污水处理能力不足

城镇污水管网收集不足，雨污分流不彻底，部分管网老旧破损严重，远不能满足承德市全市城镇污水处理需求。村庄生活污水处理覆盖率低。承德市山区面积大，村庄分散，长距离建设污水收集管网工程费用成本高且收水效果差。一些农村生活污水治理设施设计处理量与实际收水量差距较大，在设计污水处理量时，缺乏对农村生活污水产排规律的综合考虑。自来水村庄普及率仅 32%，没有自来水的村庄污水产生量小，导致生活污水治理设施建大用小。农村生活污水治理与改厕工作衔接不足,生活污水治理设施与粪污治理设施分开运转,治理脱节,粪污资源化利用率低,存在生态环境污染隐患。农村地缺乏生活污水处理收费机制,地方财政也无力保障运行费用,导致一些设施不能正常运行。

4.工业废水处理有待加强

滦河流域内工业污染占比较小,COD 和 NH_3-N 等主要污染物的排放量占比不足 1%,但滦河流域承德段分布有 121 家涉水企业,其中 26 家省重点污染企业(含 12 家污水处理单位,14 家其他工业企业),其他工业企业分布在上板城大桥(4 家)、大杖子(一)(3 家)、党坝(3 家)、李台(3 家)和三块石(1 家)控制单元,以矿产开发与加工、农产品加工为主。矿产开发与加工业因生产设施较为落后,存在污水跑、冒、漏等现象,尾砂进入河道也会造成河道淤积、水质超标等问题。农产品加工产业多为食品加工厂,工业废水有机物浓度高,及时处理后也可能面临出水超标等现象,从而对河流水质造成影响。

3.1.5.2 对策与建议

1.水污染治理

(1)推进农村污水垃圾收集治理

实施农村污水处理设施建设。针对仍存在的生活污染问题,以农村环境综合整治及美丽乡村建设为基础,紧密结合村庄发展规划、污水排放去向、资源化利用方式、治理需求以及长效治理管护机制,按照"一村一策"的原则,统筹城乡污水治理设施建设,科学确定山区、半山区村庄污水治理模式和杂排水资源化利用模式。以城镇污水处理设施为依托,推进污水治理服务横向延伸,周边村庄生活污水通过建设收集管网接入城镇污水处理设施处理,提高城镇周边村庄收水能力。重点完善农村污水处理设施运营机制,加强已建污水处理设施运行维护,解决已建设施未运行等问题。

推进环境敏感区农村污染治理工作。以因地制宜为基本原则,重点加强滦河干流、小滦河、伊逊河、武烈河、柳河、瀑河等沿线环境敏感区和人口相对集中区治理全覆盖,鼓励推广低成本、低能耗、易维护、高效率的污水处理技术,加快集中式污水处理设施建设,同步配套相应管网。充分利用国家农村"厕所革命"整村推进奖补政策,统筹推进村庄污水治理和粪污就地就近资源化利用,推进实施垃圾收集、转运及垃圾填埋场建设和垃圾分类,有效解决环境敏感区域农村污染问题。

(2)加强种植业污染防治

推进化肥减量减施。滦河流域以中山和低山丘陵为主,当地的农业活动对化肥、农药的依赖较强。将滦河干流流经的乡镇划为重点化肥减量区,将伊逊河、武烈河、柳河、瀑河、小滦河等主要支流流经的乡镇划为二级化肥减量区,其他区域划为一般化肥减量区,各县(市、区)实施化肥减量施用工程。加快推广测土配方种植技术、绿肥种植技术、有害生物综合防治技术,推进农药化肥减量和有机肥替代工作。

推广种植业先进适用技术。推广水肥一体化、全程机械化大小垄种植、无膜滴灌栽培、全膜覆盖双垄沟播等技术,提升全程机械化水平,提升绿色防控水平,提高化肥使用效率,增强抗旱节水综合能力。优化玉米种植结构,合理增加种植密度,因地制宜增加现有耐密品种;在品种选择上,籽粒玉米优选早熟、耐密、宜机收品种,在适宜区域改种鲜食玉米品种;通过深耕深松、增施有机肥、秸秆还田等措施有效改良土壤结构,提升土壤肥力。

创建生态循环农业。坚持"种养结合、农牧结合",选择生态循环农业发展基础较好的县(市、区),统筹规划产业布局、技术模式、科技支撑、服务设施和配套政策,构建农业生产、加工、流通、服务、休闲相协调的生态循环农业产业和生产经营体系,形成县域大循环,整建制创建生态循环农业示范县。合理布局生态循环产业和生产模式,形成区域中循环,创建示范区。选择生态环境好、科技含量高、辐射带动强的农业生产基地,集成推广生态循环农业技术模式,实现基地微循环,创建生态循环农业示范基地。

(3)强化畜禽养殖污染控制

加强畜禽散养畜禽养殖污染管控。加大农村环境保护宣传力度,定期对散养户主开展养殖环保新技术指导以及污染防治措施、生态环境法律法规等知识的宣传教育工作,普及养殖粪污合理处理的重要性及必要性的知识。结合实际情况,考虑在沿河重点村庄修建粪污处理中心,距离近的散养户采取污水泵自行输送的方式将污水运送至处理厂,偏远地段采取粪污运输车多车次、多批次转运粪污至处理中心。根据栏舍面积合理收取转运处置费用,有效化解粪污入河问题。

优化养殖布局,取缔禁养区内养殖活动。禁养区内禁止规模化畜禽养殖,对现有的规模化养殖场依法限期关闭或迁出;限养区内禁止新批建、改建扩建规模化养殖场,对于原有规模化养殖场限期建设环保设施。各地可根据实际情况,依照国家有关规定适当调整禁养区的划分。

推进有机肥厂建设。综合运用稳定塘(旧称氧化塘)、堆肥、高效厌氧、循环利用等不同处理方式强化规模化养殖场粪污处理。在承德县、丰宁县、围场县、滦平县、隆化县、宽城县、兴隆县、平泉市、御道口牧场管理区等9个县(市、区),各建设1座有机肥厂,收集处理周边畜禽养殖粪污。

2.水资源保障

(1)实施用水总量与强度双控

健全市、县区两级行政区域用水总量、用水强度控制指标体系,强化节水约束性指标管理,加快落实主要领域用水指标。着力落实最严格水资源管理制度,继续实施水资源开发利用控制、用水效率控制、水功能区限制纳污"三条红线"管理。严格用水定额,执行梯度水价制度,抑制不合理用水需求。通过推进规划水资源论证制度、严格建设项目水资源论证,促进生产力布局、产业结构与水资源承载能力相协调;严格实施取水许可,加强取水许可监督管理;细化计划用水管理,分乡镇分行业制定年度用水计划并严格执行,鼓励和支持高效节水项目,推进节水型社会建设。

（2）推进农业节水增效

调整农业种植结构。积极推广抗旱节水作物节水品种及配套技术,实现节水稳产。通过政策引导、适当补助、连续实施等措施,扩大抗旱节水型农作物种植规模,重点在丰宁、围场坝上地区扩大农田休耕 10 万亩,通过政策引导、整村推进、连片实施和种养地结合,压减高耗水农作物,减少地下水开采。

发展高效节水灌溉。以水资源高效利用为核心,建立农业生产布局与水土资源条件相匹配、农业用水规模与用水效率相协调、工程措施与非工程措施相结合的农业节水体系。完善农业节水工程措施,提高农业灌溉用水效率,加强灌区渠系节水改造,结合流域种植结构和节水潜力,在灌溉面积集中连片的区域发展喷灌、微灌、滴灌等高效节水灌溉工程,减低农业灌溉用水量,减少抽取地下水,鼓励各县（市、区）建设一批高效节水灌溉示范区。健全农业节水管理措施,探索灌溉用水总量控制与定额管理,加强灌区检测与管理信息系统建设。

（3）积极推进水循环梯级利用

推进现有企业和园区开展以节水为重点内容的绿色高质量转型升级和循环化改造,加快节水及水循环利用设施建设,促进企业间串联用水。推进分质用水、一水多用和循环利用。新建企业和园区要在规划布局时,统筹供排水、水处理及循环利用设施建设,推动企业间的用水系统集成优化。

（4）加强污水处理厂中水回用

实施城镇污水处理厂及排水企业实施中水回用工程,强化工艺和技术改造,推动中水回用设施及配套管网建设,提高中水回用率。再生水可用于道路浇洒、园林绿化等景观环境用水,建筑冲洗、洗车、游乐、消防等城市非饮用水,以及河流生态补水。鼓励住宅和公共建筑、小区等建设中水设施,建立中水应用市场化长效机制,形成合理的中水回用价格。

（5）加强城镇节水降损

降低供水管网漏损。推进城镇供水管网改造,重点针对流域内 13 个县（市、区）建成区实施供水老旧管网更新改造,降低公共供水管网漏损率。开展公共领域节水。城市园林绿化宜选用适合本地区的节水耐寒型植被。公共机构要开展供水管网、绿化浇灌系统等节水诊断,推广应用节水新技术、新工艺和新产品,提高节水器具使用率,新建住宅小区积极推广安装使用节水型器具,否则不予验收通水。对老旧住宅小区采取用水户自筹为主、政府补贴为辅的措施,引导和鼓励居民安装使用节水器具,逐步淘汰非节水的用水器具。楼房安装智能水表,平房实施水表出户改造。

3. 水生态保护

(1) 强化水土流失综合治理

坝上高原土地沙化修复(郭家屯控制单元)。主要采用人工修复和自然修复相结合的方式进行修复。开展"三化"草原治理,对破坏比较严重的草地要进行围栏封育,同时辅以防沙林带、沙障等人工措施。林带采用乔灌混交方式,宽度约30 m;在极敏感区和重度敏感区种植沙蒿和杨柳等活沙障,起到机械固沙的作用。

调整农牧用地比例,实行退耕还林还草政策,选择适合当地的物种进行人工种植。在干旱的阳坡进行人工造林,种植耐旱耐寒的树种,同时采用新型固沙技术。采用机械化草原松土补播技术,实施补播改良。向土壤中施加生物碳和有机肥,改良土壤。划定禁牧区、休牧区和轮牧区,禁止在保护区范围内进行开垦、开矿、采石、挖沙等破坏草原植被的一切活动;选取适合的地方建设人工草地和饲草料基地,大力推行舍饲圈养。

以小流域综合治理为主线,改造坡耕地,建设梯田;在坡角25°及以上的耕地区种植具有经济价值和观赏性的果树、林木;保护现有的林地,对于树木较稀疏的林地人工补种乔木、灌木等植被,实施封山育林的措施;在受水力侵蚀比较严重的山区、沟道内设置具有拦截蓄水能力的各项工程措施,并对周边沟、坡等进行综合治理;因地制宜地修建保水设施,充分利用山地水资源,建设生态沟渠、生态坝、生态路等。

山地水土流失修复(兴隆庄、上板城大桥、上二道河子、唐三营和李台控制单元)。除以自然恢复为主,还要做好管控措施,保护现有天然树林,营造防护林网。同时尽量减少人为活动对生态环境的破坏。

严格控管人们乱砍滥伐和过度放牧,同时实施低质低效林改造,加强水土保持林和水源涵养林建设,提高森林生态系统功能;开展土地整治,对于较陡的坡耕地要坚决实行退耕还林还草,并营造防风沙林带、林网,建立稳固的防风固沙体系。同时进行小流域水环境治理,进行河道清淤、河流沿岸边坡整治等,改善水环境质量。实施中低产田改造,发展生态农业。

首先,对于坡度较小、土壤较肥沃的坡面,可修建水平阶、水平筑埂等,以有效降低径流对地面的冲刷力。行间距较大的经济林,可在中间裸露的地面种植绿篱、草木樨、黄花菜、野豌豆等根系发达、生长力强的植物,以拦蓄坡面流失土壤,减缓坡面径流汇流时间。也可进行蓄排水系统修建,根据当地的实际情况设置截水沟、排水沟等工程措施,以有效减少水流对坡面的冲刷和侵蚀,防止发生水土流失。积极对矿山进行修复,采用工程措施与生物措施相结合的方式对矿山进行修复和改造,同时采用国内外先进的复垦技术,积极进行工矿废弃地复垦。其次,对坡岗地进行整治,要做好生态护坡工程,结合地形修建坡式条田,在田埂上种上保水且不会对当地物种产生影响的植物。最后,要加强对自然保护区的监管,严格禁止破坏自然保护区内的植被、林木;不得私自改变自然保护区的土地用途,禁止在自然保护区内进行开发建设,实施重大工程。

山地丘陵水土流失管制与优化[上板城大桥、大杖子(一)、大杖子(二)和党坝控制单元]。采取人为管制和工程措施共同治理。对于水土流失严重的森林地区实行全面封禁管理和维护,禁止在管理区内进行各种生产性经营活动。在敏感度高的耕地区,构造生态田坎,提高植被覆盖度。对于宜林的木利用的荒地,实行严格的封禁保护,加强自然修复,鼓励引导森林抚育等人工修复,严格禁止乱开荒地的行为。

针对地区特点保护现有森林资源,开展植树造林、绿化荒山、退耕还林,恢复植被工作,因地制宜地进行乔、灌、草混合种植。积极进行矿山生态修复,增加植被覆盖,降低水土流失敏感性。同时开展小流域治理,做好护岸护堤工程。完善交通信息网,构建现代化交通运输系统。提高地区的产业转型和升级,加强区域间的交流与合作。

(2)实施流域生态修复与综合治理

因地制宜开展清洁小流域综合治理。采取封育治理、封禁标牌、生态治理区水土保持林、河道清理、护地堤、生态护岸、污水处理等措施,实施喇嘛沟、金扇子、石片沟、赵家店、北营房、姚栅子、下台子、杨树湾、三义村、咋口峪、外门沟、四岔口、苏家店等河流生态清洁小流域综合治理工程。

提升森林系统水源涵养功能。依据《承德市京津冀水源涵养功能区和生态环境支撑区建设规划(2019~2025年)》,对于坡角25°及以上基本农田以外的坡耕地实施造林绿化,建设生态公益林、用材林、经济林,将低质量耕地改造为林地,提升水源涵养功能。实施滦河干流、伊逊河、武烈河、柳河、瀑河、小滦河等两岸森林质量精准提升和裸露山体生态修复,通过采伐更新、择伐补造、抚育改造等措施,提高林地生产力和森林生态服务功能。

加大治理沟壑和骨干河道力度。加强沿河水土流失防治、坍塌河岸整治、区域水土流失防治,提高植被覆盖度,重点加强滦河干流郭家屯段、丰宁抽水蓄能电站段河段、永利村至东缸房村段、下猪店至黄营子段、双滦区河段等生态治理,建设自然护岸,清理河道垃圾,平整清淤河道。综合考虑所选择树种的生物特性、生态特征与造林立地条件的统一性,在流域水土流失极敏感区(郭家屯控制单元、李台控制单元),以油松、落叶松、侧柏、栎类、桦树、椴树、五角枫、榆树、黄柏、山杏、文冠果、平欧大榛子、苹果、梨、山楂、板栗等作为主要造林树种,加大宜林荒山绿化力度,开展水土保持林建设。

(3)河道岸线保护

建立河岸生态保护蓝线制度。积极开展滦河流域河道岸线和河岸生态保护蓝线划定工作,设立界碑界桩,建立河道生态管控空间。在此基础上完成二、三级河道岸线及河岸生态保护蓝线的规划及批复,并推进二、三级河道及市属水利工程管理范围划定工作,明确了管理界限和"三线"以内允许和禁止的活动。

以"河长制"为依托,加强水域岸线管护。将河道岸线和河岸生态保护蓝线管理工作纳入市河长办日常工作内容,借助"河长制"的强大推动力,构建市、县两级智慧河长指挥平台。实施河道管理"蓝线"行动,严禁新建与 8 类涉水工程无关的设施,已有违建设施逐步清理消化。

综上,滦河流域承德段仍存在水土流失问题严重、农业面源污染问题突出、生活污水处理能力不足和工业废水处理有待加强等问题,各控制单元的主要问题和措施见表 3-2。

表 3-2 滦河流域承德段各控制单元存在问题和主要措施

河流	控制单元	主 要 问 题	主 要 措 施
滦河	滦河郭家屯控制单元	水土流失问题一直存在:控制单元内分布有 25 个水土流失重点区域,汛期泥沙会影响断面水质;受丰宁抽水蓄能电站改建的影响,泥沙下泄带有磷的同时也会导致河道淤积	加强滦河干流和小滦河的河道生态修复与治理,强化水土流失综合整治,实施干流丰宁抽水蓄能电站段、郭家屯段、小滦河等河段生态治理,推进水源涵养林及水土保持林建设,加强清洁小流域建设,强化丰宁县兴洲河(凤山段)河道清淤
		水质受到农业种植和畜禽养殖污染影响:沿河分布有耕地约 2 377 hm²,汛期和灌溉期化肥和农药易入水体;隆化县和丰宁县沿河区段分布有大量村庄和农户,存在畜禽散养情况	推进隆化县和丰宁县的农药化肥减量工程,加强畜禽养殖规范化管理
		农村生活污水处理设施尚未完善:丰宁县外门沟乡、苏家店乡和隆化县郭家屯镇的污水收集及处理设施尚待完善	加强乡镇生活污水收集处理,实施郭家屯镇污水处理设施及配套管网建设,开展丰宁县外门沟乡、四岔口乡、苏家店乡、鱼儿山镇及大滩镇污水处理厂及配套管网建设
	滦河兴隆庄(偏桥子大桥)控制单元	生活污染仍存在:隆化县韩家店乡、湾沟门乡、旧屯乡、碱房乡等乡镇的污水管网未实现全覆盖,控制单元内的 2 座污水处理厂尾水影响断面水质	推进乡镇生活污水处理,实施隆化县韩家店乡、湾沟门乡、旧屯乡、碱房乡等污水处理站及配套网管建设

（续表）

河流	控制单元	主 要 问 题	主 要 措 施
		水土流失问题较严重：控制单元内分布有13个水土流失重点区域，区域整体坡度大，土壤风化强烈	推进滦河干流生态综合整治，开展河道清淤疏浚、实施岸坡生态防护，新建拦沙坎，构建生态缓冲带，加强岸坡绿化
		农业种植造成的面源污染仍存在：控制单元内耕地面积12.81万亩，多沿河道两侧分布。区域的农业生产活动对农药和化肥依赖性大，部分化肥和农药会随着雨水冲刷进入河流	推进隆化县农药化肥施用减量工程
	滦河上板城大桥控制单元	生活污染基础设施建设不完善：生活污染物排放量较大，承德市主城区存在管网老旧、雨污混流现象，丰宁县北部、滦平县的农村污水收集设施不完善，双桥区-承德县上板城镇污染也会影响水质	加强主城区生活污水收集处理，实施太平庄污水处理厂三期及双滦区第二污水处理厂建设，加强配套管网建设、雨污分流及老旧管网改造。推进滦平县乡镇生活污水收集处理
		污水处理厂尾水影响仍较大：上板城大桥断面距离太平庄污水处理厂较近，污水处理厂的尾水和溢流污水仍会影响断面水质	
		工业企业污染治理有待加强：承德高新技术产业开发区、滦平县高新区绿色铸造园尚未建设完善的污水处理设施和配套管网，双桥区、双滦区、高新区建筑垃圾处理尚未建立完善的转运处理体系，工业企业污水和建设垃圾处理及其配套措施完善亟待加快	加快建设和完善承德县经济开发区、承德高新技术产业开发区上板城区域的污水收集和处理设施。推进双桥区、双滦区、高新区建筑垃圾处理，实施承德环能热电有限责任公司4#垃圾焚烧炉建设工程
		存在水土流失问题：控制单元内分布有25个水土流失重点区域，这些区域在暴雨冲刷下使土壤颗粒和可溶性氮磷易进入水体，导致断面水质受到影响	加强滦河干流河道生态环境治理，开展护岸建设、河道垃圾清理、清淤平整等
	滦河大杖子（一）控制单元	污水收集处理设施尚未完善：承德县城污水官网老旧，头沟镇、高寺台镇等城镇污水处理设施及管网不完善，污水处理不彻底	推进承德县污水处理工程建设，强化承德县老旧污水管网改造；开展甲山建材物流园区污水处理项目建设
		农业面源污染仍存在：控制单元内约18.3%的土地为农田，主要分布在承德县和平泉市。此外农业面源冲刷是TN和TP排放的重要来源，因此农业面源的治理十分必要	加强承德县、平泉市农药化肥减量施用
		水土流失问题仍存在：控制单元内河岸两侧坡度较大，土壤风化强烈，局地暴雨频发，导致水土流失在局部区域仍较突出	加强滦河干流河道生态环境治理

（续表）

河流	控制单元	主 要 问 题	主 要 措 施
伊逊河	伊逊河承德市唐三营控制单元	水土流失现象仍存在：控制单元内分布有27个水土流失重点区域，因此，汛期和暴雨季节可导致土壤颗粒和可溶性氮磷进入河道	加强伊逊河水系河道生态环境治理
		市政基础设施建设有待完善：围场县城区部分污水配套管网老旧，存在跑、冒、漏、滴风险，四合永镇污水处理设施处理能力不足	强化围场县城区污水配套管网建设及老旧管网改造，建设围场县污水处理厂尾水人工湿地
		畜禽养殖粪污污染问题仍存在：围场县、隆化县张三营、唐三营、尹家营片区农村养殖场分布较分散，汛期储粪池中粪便与雨水混合容易溢出，存在少量粪污与雨水混合流入河道现象	推进畜禽养殖粪污垃圾无害化处理
	伊逊河李台控制单元	农村面源污染仍突出：控制单元内的隆化县和围场县都是农业大县，存在有机产业规模小、分散的特点，大多数农业活动仍为传统模式。由于其自身的分散性、不确定性、滞后性等特点，TN的削减比例较小	推进隆化县及围场县农药化肥减量施用
		水土流失问题一直存在：控制单元分布有25个水土流失重点区域，受上游生态环境脆弱、河流泥沙含量等问题，汛期（7~9月）TP超标情况较为明显	加强伊逊河生态修复、生态护堤和生态护岸建设
		生活污染问题仍存在：隆化县、滦平县生活污染产生量较大，区域污水收集和处理管网建设老旧，区域污水处理厂负担过载，污水处理厂尾水处理需进一步加强	加强隆化县污水处理厂升级改造，深化脱氮除磷，进一步提升出水水质，强化配套管网建设及老旧污水管网改造，实施尾水人工湿地建设及中水回用工程
武烈河	武烈河上二道河子控制单元	农村面源污染加重水体TN、TP浓度超标风险：控制单元内分散养殖的大部分畜禽粪污未经无害化处理便直接露天堆放在附近的河岸和农田，造成地表水面源污染。控制单元约16.8%的面积是农田，汛期冲刷也会导致河流污染加重	推进承德县和隆化县农药化肥减量工程，加快畜禽规划化养殖，同时开展武烈河河道清理和生态修复
		部分地区污水管道建设尚不完善：双桥区污水管网不健全，污水跑漏现象时而发生。双桥区双峰寺至太平庄污水管道超负荷运行，输水能力不足，污水收集管网有待完善	推进双桥区污水收集管网建设，加快双峰寺至太平庄污水主干管道建设
柳河	柳河承德市三块石（26♯大桥）控制单元	鹰手营子矿区、兴隆县污水处理设施处理能力不足，城区污水收集管网存在雨污混流现象	推进鹰手营子矿区柳源污水处理厂升级改造，强化主城区配套污水管网建设及雨污分流改造

河流	控制单元	主 要 问 题	主 要 措 施
		鹰手营子矿区垃圾转运及处理设施尚未完善,生活垃圾堆存量较大,产生的渗滤液是潜在水环境污染源	开展鹰手营子矿区生活垃圾中转站及建筑垃圾填埋场建设,推进实行垃圾分类
		控制单元内农田和建设用地多沿河道分布,断面水质受到畜禽养殖污染和农药化肥影响较大	加强鹰手营子矿区、兴隆县农药化肥减量施用
		提高河道防洪能力,突出河道在防洪安全、供水安全、生态安全方面的用途	实施柳河生态环境综合治理,强化护岸工程、河道渗滤床、人工湿地等建设
	柳河大杖子(二)控制单元	农业面源污染仍存在:控制单元内部分农田沿河道分布,雨水冲刷导致化肥农药进入水体。兴隆县平安堡镇、李家营镇、大杖子镇等区域存在村民自建养猪棚、猪粪未及时清理现象	推进鹰手营子矿区寿王坟镇、汪家庄镇,承德县大营子乡、兴隆县北营房镇、李家营镇、大杖子镇农药化肥减量施用及畜禽养殖粪污垃圾无害化处理
		当地生活污水污染问题突出:环境基础设施缺乏,农村地区人口居住较分散,居民生活污水主要是随地泼洒,或者就近倒入村边沟壑而进入水体,污染严重,对河流水质有一定的影响	加快推进兴隆县污水收集及处理设施建设
瀑河	瀑河党坝控制单元	基础设施不健全:平泉市区由于雨污合流、管网覆盖不全及部分管网老化破损等原因导致污水不能全部收集处理,此外,部分偏远地区尚未建立完善的污水收集、处理和垃圾收集转运体系,污水散排、生产生活垃圾无序堆放等现象对水质也会造成影响	加强村民环保意识,强化平泉市老旧污水管网改造及雨污分流,实施南城区及乡镇学校污水处理项目建设
		农业面源污染问题仍突出:控制单元内村镇多沿河岸分布,地形以中山和低山丘陵为主,当地的农业活动对化肥、农药的依赖较强,雨水冲刷下会导致营养盐和农药进入水体,从而加剧农业面源污染。散户养殖缺少废水处理设施,产生的畜禽粪便等在汛期会随雨水进入河道	推进平泉市农药化肥减量施用及畜禽养殖粪污垃圾无害化处理。加强瀑河黑山口段、小寺沟桥至党坝断面、支流卧龙岗川等河道综合整治
	瀑河承德市大桑园控制单元	农村住户分散,农村生活垃圾收集困难,垃圾处理不便捷。此外,河道范围内堆放的垃圾渗滤液影响水环境	强化宽城县污水处理厂配套管网改造及生活垃圾处理处置建设,实施宽城镇、龙须门镇、板城镇环卫一体化的垃圾收集转运模式
		控制单元内的农田主要分布于宽城县,雨季冲刷造成的农药化肥污染可能影响水质。中小型畜禽养殖场尚未建立完善的畜禽粪污垃圾处理系统	加强宽城县农药化肥减量施用及畜禽养殖粪污垃圾无害化处理

（续表）

河流	控制单元	主 要 问 题	主 要 措 施
	潘家口控制单元	生活污染收集与处理设施不完善：宽城县塌山乡、梓罗台镇等地区生活污水和生活垃圾收集、转运和处理设施尚未健全，生活污染对河流和水库水质存在一定影响	加强宽城县塌山乡、梓罗台镇等生活污水垃圾收集处理；实施梓罗台镇闯王河段及塌山乡清河段、潘家口水库环境综合治理，强化潘家口水库湖库富营养化、蓝藻监管与预警
		农业面源污染仍存在：宽城县沿河区域分布有农田和畜禽养殖散户，畜禽粪污未实现无害化处理	强化农药化肥减量施用及畜禽养殖粪污垃圾无害化处理

3.2 滦河流域水生态状况评估与对策研究[*]

3.2.1 项目目标和意义

3.2.1.1 项目目标

以习近平生态文明思想为指导，深刻把握"山水林田湖草是一个生命共同体"的科学内涵，在总结了全球环境基金（GEF）海河流域水资源与水环境综合管理项目（简称"GEF海河项目"）的成功经验和国内《水污染防治行动计划》（简称"水十条"）等相关规划的有效措施上，突出滦河流域的特色，坚持问题导向与目标导向，将水资源、水环境、水生态"三水"统筹兼顾水文化、水安全的思路贯彻落实到研究报告编制的问题诊断、症结分析、状况评估、任务设计、措施制定等各个环节。

以滦河流域为研究对象，综合运用 GEF 主流化项目的 ET、EC、ES 的 3E 融合理念，研究滦河流域的水生态系统的时空异质性规律，识别影响流域水生态系统分布格局、功能状况、主要问题及关键影响因素。开展流域水生态状况评估，施行滦河流域水生态空间管控分区，形成基于水生态管控分区的流域水生态保护的综合管理思路和修复策略，为滦河流域及京津冀区域水生态文明建设和水环境保护建设提供科学依据，推动区域水生态和自然资源环境持续健康发展。

---

* 由何跃君、赵建伟、李宣瑾、李红颖、刘晶晶、谢铮、孙文博、王东阳、王思力、徐东明、王峰执笔。

在具体研究过程中及对策制定上，一要注重"三水"统筹、还水于河。坚持保护水资源、改善水环境、恢复水生态，加强水监管、弘扬水文化、保障水安全，强化水资源和水环境刚性约束，实施全流域水资源统一调度，减少用水总量，实施节水行动，优化用水结构，保障生态用水，维持滦河生态健康。二要注重系统治理、分区施策。坚持山水林田湖草沙系统治理，统筹流域上下游、干支流，因地制宜，科学制定差别化地分区分类保护和治理措施，推进工业、农业、城乡生活污染治理，直接或间接支撑流域水生态改善。

3.2.1.2 项目意义

如何高效利用水资源，改善水环境质量，提升水生态服务功能，维护好重点流域生态健康，促进区域经济社会高质量发展，是我国"十四五"生态环境保护和生态修复的一项重点工作。以世界银行为国际执行机构，由生态环境部、水利部共同申请和组织实施的"全球环境基金（GEF）水资源与水环境综合管理主流化项目"旨在支持绿色增长，实施可持续的自然资源管理方法，在海河流域及其滦河流域等各子流域级实施水资源和水环境综合管理方法，对流域和区域水资源与水环境综合管理主流化模式进行系统总结、深化提高和应用推广，促进实施水资源和能源高效、合作、环境友好的生产方式的改革与发展。滦河流域是京津冀协同发展的重要组成部分，作为华北地区重要的水源供给地和京津的重要水源涵养地、生态保护区，对区域经济社会持续健康发展起着战略支撑作用。滦河流域内城市化进程发展迅速，人口聚集度高，经济活动强度大，加之自然资源禀赋和承载能力有限，区域水生态系统遭受不同程度的干扰和破坏。流域水资源量呈减少态势，供需矛盾日益突出；水库水源地水质达标不稳定，威胁供水安全；滦河流域的土石山区水土流失状况较为严重，中度以上侵蚀面积达 49%，局部地区已出现草原退化、生物多样性减少等生态问题。滦河流域降雨时空分配不均、季节性差异大，上游地区既要实施措施减少洪涝灾害，又要保证流域生存发展所需，同时肩负着调水重任，压力不可小觑。近年来，滦河流域环境保护能力建设虽然取得了较大进展，但生态环境科学研究基础仍相对薄弱，尤其有关水生态基础状况与管理对策等方面存在短板，不能满足日益繁重的水生态环境保护工作要求。

河北省承德市位于滦河中上游区域，承德市境内滦河流域面积 2.63 万 km^2，占承德市总土地面积的 66.6%，占整个滦河流域总流域的 59%。滦河流域特别是承德段的水生态环境安全，对保障滦河的水生态环境健康和京津的水资源使用具有重要意义。全球环境基金（GEF）水资源与水环境综合管理主流化项目（GEF 主流化项目），选择滦河流域承德段作为试点示范区，首次增加了水生态（ES）的理念，与耗水（ET）和环境容量（EC）共同指导滦河流域水环境综合管理工作。以此理念为指导,开展滦河流域承德段(以下称为"滦河流域")水生态状况评估与对策研究,科学识别影响流域水生态系统分布格局、功能状况的关键因子及主要问题,对滦河流域水生态状况进行系统分析,全面开展流域水生态状况评估。在此基础上,提出滦河流域水生态空间管控分区策略和水生态修复战略思路,研究重点问题修复对策,综合形成流域水生态管理与修复方案。这项工作对滦河流域生态保护建设和自然资源环境永续发展必将起到重要支撑作用,也是采取将 EC、ET、ES 融合实施的一项有效尝试,可为海河、黄河、辽河等重点流域保护和管理乃至其他国家相关流域综合治理提供重要参考和支持。

3.2.2 主要内容与技术框架

3.2.2.1 主要内容

1. 开展滦河流域水生态状况调研与分析

全面分析国内外有关流域水生态评估的文献资料,针对滦河流域特征和实际,开展滦河流域水生态状况调查与研究工作,充分利用统计数据和调查监测数据,分析滦河流域水生态状况,识别流域水生态系统质量状况与空间格局,筛选不达标水生态系统功能状况的主要问题,提出影响水生态系统的关键因子。

2. 开展流域水生态状况评估工作

在借鉴已有相关研究成果的基础上,结合滦河流域实际,构建涵盖土地利用、栖息地状态、水功能供给、水环境净化等多要素的水生态评估指标体系,对滦河流域水生态状况进行评估。对水生态系统进行问题诊断,针对诊断发现的主要矛盾和重点问题,明晰问题产生的原因,分析主要的水生态的压力因素和支撑因素。

3. 制定流域水生态空间管控分区方案

基于滦河流域水生态状况评估,分析滦河流域水生态分布格局,识别生态脆弱区域,筛选优先保护区域,并与承德市经济社会发展规划相衔接,识别经济社会协调发展的区域,建立包括流域-水功能区-控制单元-水生态空间管控-行政区域 5 个层级、覆盖滦河流域承德段生态空间管控体系。制定流域水生态空间管控分区方案,按照"流域统筹、区域落实"的思路,明晰各级行政区域管控规则。

4. 制定滦河流域水生态管理与修复方案

紧紧围绕"建设京津冀水源涵养功能区"的战略定位,针对滦河流域承德段的干流、支流、围场坝上、重点矿区治理等片区,基于 EC、ET、ES 融合实施的理念,以改善滦河流域水质为核心,明确水生态管理与修复总体目标,提出滦河水生态修复战略和治理思路,研究重点问题修复对策,提出优化流域生态管控空间、强化中上游生态保护修复、实施河流小流域综合治理、开展水生态调控与修复、提升流域环境监管能力等一系列流域水生态管理方案。

3.2.2.2 技术框架

1. 现状调查

通过社会经济统计、历史资料收集、生态调查、水文调查、水质监测等技术手段,了解滦河流域基本概况和识别存在的主要问题,分析评估滦河流域的历史变化过程和变化趋势。

2. 管控分区划定

主要参考《重点流域水污染防治"十三五"规划编制技术大纲》,在"水十条"承德市涉及控制单元划分成果的基础上,按照承德市水(环境)功能区划成果,优化选取地方控制断面节点,按照自然汇水情况和排污去向,将控制单元进一步统筹划定成水生态空间管控分区,实现对滦河流域(承德段)各县(市、区)、乡镇的重点管控。同时,实现水生态管控空间内的地表水水(环境)功能区与排污口、污染源的衔接。

3. 评估内容与方法

以流域水生态空间管控分区为评估单元,以水域和陆域为评估对象,选取评估指标体系,诊断各评估单元的健康状况及流域整体综合生态状况。主要由评估单元、评估对象、评估指标体系、评估计算和标准分级 5 个环节组成。

4. 对策与建议

在流域生态健康状况诊断分析的基础上,结合滦河流域社会经济发展状况,提出滦河流域生态系统保护和管理建议,以及具体的保护治理措施和方案。

研究技术路线图如图 3-8 所示。

3.2.3 主要技术方法与创新成果

3.2.3.1 流域水生态修复管控分区

充分结合 GEF 主流化项目其他课题研究成果,研究提出遵循流域水系的完整性、系统性特征,以稳定改善滦河流域水质,提升水生态系统综合服务功能为核心的水生态修复管控分区划定思路。提出了以滦河流域水系为本底,以划定滦河流域控制单元为基础,综合叠加"水功能区架构-水生态问题识别-土壤侵蚀模数分析-水生生物调查评价"技术成果,突出滦河流域水资源供给保护、水文调节保护、水生命支持的三个重点功能,在

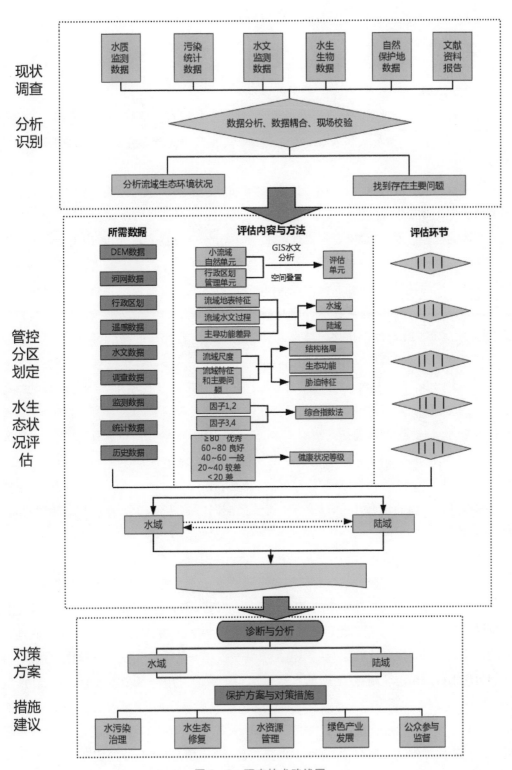

图 3-8 研究技术路线图

此基础上,整合为滦河流域水生态修复管控分区,呈现出对水生态过程具有关键意义的点、线、面和空间联系所构成的空间格局。

1. 流域水生态修复管控分区划定方法

（1）划定的主要思路

流域是一个相对独立的生态经济系统,影响因素包括水文情势、地形、地貌及人类的社会经济活动等,单从水文和水质等方面开展研究很难满足流域生态环境保护和整体规划的需求。

本项目在充分吸收资源管理部门机构改革前好的做法和好的经验基础上,对划定滦河流域水生态修复管控分区主要基于三方面的考虑:一是凸显对滦河源头、中上游典型代表区域的保护力度,以全民意志实现对水土流失严重、自然景观独特、生物多样性丰富区域的优先保护;二是着力对滦河流域内的自然保护区等各类保护地进行组合,增强水域和陆域的联通性、协调性和完整性,结合乡级行政区划和自然地理界线,合理划定管控分区范围;三是发挥滦河流域在承德市高质量发展进程中的生态支撑作用,努力将水资源利用、水生态文化与地域文化相结合,将流域人口、工业集聚度高的区域,划定为水生态修复管控重点区。具体操作,主要参考《重点流域水污染防治"十三五"规划编制技术大纲》及"十四五"流域生态保护要求,在"水十条"承德市涉及控制单元划分成果的基础上,按照承德市水（环境）功能区划成果,优化选取地方控制断面节点,按照自然汇水情况和排污去向,综合叠加"水功能区架构-水生态问题识别-土壤侵蚀模数分析-水生生物调查评价"技术成果,突出滦河流域水资源供给保护、水文调节保护、水生命支持的三个重点功能,在此基础上,整合为滦河流域水生态修复管控分区。同时实现对滦河流域（承德段）各县市区、乡镇的重点管控,以及水生态管控空间内的地表水水（环境）功能区与排污口、污染源的衔接。

（2）划定的基本原则

流域水生态空间管控分区划定的基本原则是划分技术流程实现的重要依据,由于管控分区划分是一个涉及多种要素的复杂过程,为了与国家流域水环境精细化和差异化管理目标相匹配、相一致,需要根据管控分区划分的一些原则并结合实际情况甚至其他变通的途径来进行划定。这些原则主要包括流域全覆盖和行政区划全覆盖原则;乡级行政区划为最小行政单位原则;控制断面自然汇水与水资源三级分区衔接原则;与水功能区衔接原则;以河湖水系自然汇水和水流特征确定陆域边界原则;诸多要素应统筹兼顾、突出重点原则;国家与地方分级负责、充分对接等原则。这些原则具有相互关联、相辅相成的关系。有些原则是强制原则,有些原则是经验原则,所以,在划分的实践中,还需根据实际情况系统地、综合地运用这些原则。

① 流域全覆盖和行政区划全覆盖原则。流域全覆盖是指根据滦河流域水资源三级分区,水生态修复管控分区划分必须覆盖河湖水系全流域;行政区划全覆盖原则是指根据承德地级、县级、乡级三级行政区划分区分级,管控分区划分必须覆盖承德三级行政区划范围。根据多年流域水环境管理经验,以行政区管理与流域管理相结合的管理体制是实施流域水环境管理必要且有效的方式,因此,管控分区划分时要有效地将流域管理和行政区管理相结合。

② 乡级行政区划为最小行政单位原则。为实现重点流域水生态精准化管理,保障相关政策的落实和执行,实现流域管理与行政区管理的协调统一,管控分区划分以承德市行政区划边界为划分边界,乡级行政区划为最小行政单位。即一个乡级行政区划只能隶属于一个管控分区,一个管控分区是由多个具有相似或相近汇水特征的乡级行政区划组成,其地理范围由这些乡级行政区划边界合并而来,但是不跨越市级行政区划边界。

③ 控制断面自然汇水与水资源三级分区衔接原则。按照地形地貌、自然汇水等特征将滦河河湖水系划分为三级水资源分区。管控分区划分时,应以国家控制断面为出水口,遵循河湖水系自然属性和水流特征,严格以三级流域分区为边界,进一步细化控制断面的自然汇水范围。即控制断面所在的管控分区的自然汇水范围不跨越三级流域边界。

④ 与水功能区衔接原则。水功能区是国家为满足水资源合理开发、利用、节约和保护的需要,根据水资源的自然条件和开发利用现状,按照流域综合规划、水资源保护和经济社会发展要求,依其主导功能划定范围并执行相应水环境质量标准的水域。为实现水功能区和管控分区的有效整合,在遵循控制断面设置时有关水功能区断面设置的特殊原则上,在管控分区划分时应尽可能与水功能区相衔接,在划分时充分考虑水功能区断面所在水域的自然条件和开发利用现状,以及水功能区的主导功能、划分目的和管理需要。

⑤ 以河湖水系自然汇水和水流特征确定陆域边界原则。管控分区的地理范围为水陆对应面状区域,河湖水系的自然汇水和水流特征是陆域确定的基准。管控分区划分时以控制断面为出水口,通过自然汇水分析和水流特征分析来确定控制断面的自然汇流范围,形成控制断面的水陆结合自然汇水单元,作为进一步界定控制单元地理范围的重要依据。

⑥ 诸多要素应统筹兼顾、突出重点原则。在划分管控分区时,应将流域作为一个复杂的系统综合考虑,涉及上下游、左右岸、干支流的河湖水系水流和水生态系统特征,污染源分布、排污口分布、土地利用、各级行政区划驻地等影响流域水环境质量诸多要素,以及水利工程、社会经济、水功能区、人文风俗、流域管理、行政区管理等其他要素,针对以上涉及的各种要素应统筹兼顾、突出重点,以便满足流域水污染防治、水生态保护与修复管理等多方诉求。

⑦ 地方分级负责、充分对接原则。管控分区划分的首要目的是将"十四五"流域规划的目标和任务分配落实到带有行政管理职能的管控分区内,根据国家和地方不同的水质管理需求,建立流域水污染防治分区体系,确定流域水污染防治规划的地理范围,明确控制单元边界的描述,从而确保规划实施的可行性。因此,管控分区划分的整个过程,要遵循国家与地方分级负责、充分对接的原则,地方应根据实地验证、管理经验、专家论证、实际污染、人文风俗等因素将划分不合理的单元进行校核调整。这个过程强调各种约束条件的同步交叉、相互协同与调控,可以反复进行,直至得到"最优"的结果。

（3）划定的主要步骤

滦河流域水生态修复管控分区主要依托国家重点流域控制单元划分结果进行划定。本次研究,主要针对地方环境管理部门根据实际需要,遵循流域完整性保护和河流水系系统性要求,将14个国家控制单元进行整合,并探索内部建立污染源和水质之间输入响应关系。

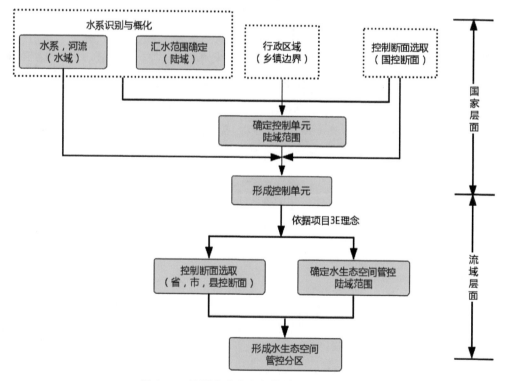

图 3-9　流域水生态空间管控划分工作程序

滦河流域水生态修复管控分区划定的主要步骤如下:

① 水系河网数据收集。水系概化和汇水范围确定是管控分区划定的基础性工作,包括以下步骤:系统收集滦河流域承德市段大比例尺行政区划和水系河网等矢量数据;在中国科学院国际科学数据服务平台 http://datamirror.csdb.cn/admin/ datademMain.jsp

下载全省 90 m DEM 数据。

② DEM 提取河网。应用 ArcGIS 软件中 ArcHydro 水文模块的相关命令生成河流网络。首先按照"地表径流在流域空间内从地势高处向地势低处流动,最后经流域的水流出口排出流域"的原理,确定水流方向。根据"流域中地势较高的区域可能为流域的分水岭"等原则,确定集水区汇水范围。根据河流排水去向,从汇流栅格中提取河网,并将河网栅格转换为矢量化的河网或水系图层(Shape 格式)。

③ 水系概化。包括检查河流的相互连接状况、检查河流流向、依据河流等级完成水系概化等。

④ 汇水范围确定。配好基础地图和完成水系概化后,提取水系对应的陆域汇水范围。首先将 DEM 数据、航空照片和卫星影像与已配好的基础地图叠加;其次按照每个流域只能有一条主干河流,且流域内所有河流的水流方向都应该指向主干河流的原则,参照水资源分区情况,大致构建出陆域汇水范围;最后参考 DEM 数据、航空照片和卫星影像信息,以分水岭为界,通过手工编辑方式,形成各流域范围矢量图层。

(4) 控制断面选取

根据承德市水环境管理需求,在重要支流、县城下游、重要功能水体、跨县(区)界水体、重污染区域下游、水质较差河段等处选取地方控制断面。当从不同角度选取的地方控制断面位置临近时,需分析各断面的水质代表性和重要性,最终保留国控断面。对重污染区域相对密集地选取地方控制断面,人类活动少、水质较好区域可少选取或不选取地方控制断面。

(5) 陆域范围确定

以控制断面为节点,组合同一汇水范围的多个流域初步形成管控单元陆域范围,再以乡镇行政边界修正、调整单元边界,确保管控分区不分割行政区。若一个行政区存在两个汇水去向,需结合行政中心位置判断主导汇水去向,将其完整地划至某一个管控分区。

(6) 与水环境功能区衔接

将管控分区与水环境功能区有机整合,以便合理确定管控分区的水质目标及管控要求,并建立统一的水生态分区体。若一个管控分区包含多个连续、不连续水功能区(水环境功能区),水功能区(水环境功能区)可直接纳入管控单元。

(7) 管控分区命名

管控分区以"水+陆"的方式进行命名,即采用主要的水体或河段+控制断面的形式,如 XX 河 XX 断面管控分区。

2. 流域水生态修复管控分区划定结果

结合国家开展的国控断面汇水范围(即控制单元)划定成果,将滦河流域(承德段)划分为 10 个管控分区。本研究有效衔接国家划定结果，以 10 个管控分区为基础，强化空间管控措施。各管控分区详细信息详见表 3-3 和图 3-10。

表 3-3 滦河流域水生态空间管控分区划分结果表

序号	空间管控分区名称	管控类别	控制断面	所在水体	涉及县（市、区）	涉及乡镇
1	滦河郭家屯管控分区	优先保护区	郭家屯	滦河	隆化县	郭家屯镇
					丰宁满族自治县	万胜永乡、四岔口乡、苏家店乡、外沟门乡、草原乡
					围场满族蒙古族自治县	御道口镇、老窝铺乡、南山嘴乡、西龙头乡、塞罕坝机械林场、国营御道口牧场
2	伊逊河唐三营-李台管控分区	重点修复区	唐三营、李台	伊逊河	围场满族蒙古族自治县	围场镇、四合永镇、棋盘山镇、腰站镇、龙头山镇、道坝子乡、黄土坎乡、四道沟乡、兰旗卡伦乡、银窝沟乡、大唤起乡、哈里哈乡、半截塔镇、下伙房乡、燕格柏乡、牌楼乡、城子乡、石桌子乡、大头山乡
					隆化县	唐三营镇、安州街道、汤头沟镇、张三营镇、蓝旗镇、步古沟镇、尹家营满族乡、庙子沟蒙古族满族乡、偏坡营满族乡、山湾乡、八达营蒙古族乡、西阿超满族蒙古族乡、白虎沟满族蒙古族乡
					滦平县	红旗镇、小营满族乡
3	武烈河上二道河子管控分区	优先保护区	上二道河子	武烈河	双桥区	狮子沟镇、双峰寺镇
					承德县	头沟镇、高寺台镇、岗子满族乡、磴上乡、两家满族乡、三家乡
					隆化县	韩麻营镇、中关镇、七家镇、荒地乡、章吉营乡、茅荆坝乡
4	滦河兴隆庄（偏桥子大桥）管控分区	重点修复区	兴隆庄	滦河	隆化县	太平庄满族乡、旧屯满族乡、碱房乡、韩家店乡、湾沟门乡
5	滦河上板城大桥-大杖子（一）管控分区	重点管控区	上板城大桥、大杖子（一）	滦河	双桥区	西大街街道、头道牌楼街道、潘家沟街道、中华路街道、新华路街道、石洞子沟街道、桥东街道、水泉沟镇、牛圈子沟镇、大石庙镇、冯营子镇、上板城镇

（续表）

序号	空间管控分区名称	管控类别	控制断面	所在水体	涉及县（市、区）	涉 及 乡 镇
					双滦区	钢城街道、元宝山街道、双塔山镇、滦河镇、大庙镇、偏桥子镇、西地镇、陈栅子乡
					滦平县	中兴路街道、滦平镇、长山峪镇、金沟屯镇、张百湾镇、大屯镇、付营子乡、西沟满族乡
					丰宁满族自治县	凤山镇、波罗诺镇、选将营乡、西官营乡、王营乡、北头营乡
					承德县	下板城镇、甲山镇、六沟镇、三沟镇、东小白旗乡、鞍匠乡、刘杖子乡、新杖子乡、孟家院乡、八家乡、上谷镇、满杖子乡、石灰窑镇、五道河乡、岔沟乡、仓子乡
					平泉市	七沟镇
6	柳河三块石（26#大桥）-大杖子（二）管控分区	重点修复区	三块石、大杖子（二）	柳河	鹰手营子矿区	铁北路街道、鹰手营子镇、北马圈子镇、寿王坟镇、汪家庄镇
					兴隆县	兴隆镇、平安堡镇、雾灵山乡、北营房镇、李家营乡、大杖子乡
					承德县	大营子乡
7	瀑河党坝-大桑园管控分区	重点修复区	党坝、大桑园	瀑河	平泉市	平泉镇、杨树岭镇、小寺沟镇党坝镇、卧龙镇、南五十家子镇、梓椤树镇、青河镇王土房乡、道虎沟乡
					宽城满族自治县	宽城镇、龙须门镇、板城镇、化皮溜子镇
8	潘家口水库管控分区	优先保护区	潘家口水库	潘家口水库	宽城满族自治县	梓罗台镇、塌山乡、孟子岭乡、独石沟乡
9	撒河蓝旗营管控分区	重点修复区	蓝旗营	撒河	兴隆县	半壁山镇、蓝旗营镇、大水泉镇、南天门满族乡、三道河乡、安子岭乡
10	青龙河四道河管控分区	重点修复区	四道河	青龙河	宽城满族自治县	汤道河镇、苇子沟乡、大字沟门乡、大石柱子乡

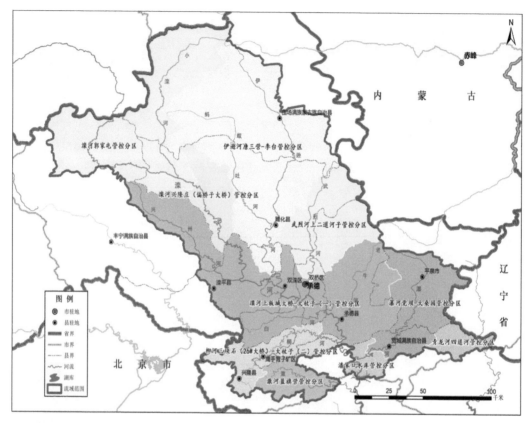

图 3-10   滦河流域（承德段）水生态修复管控分区划定

3.2.3.2   流域生态健康评估

1. 水生态修复管控分区健康评估

滦河流域对于承德市经济发展和生态文明建设具有重要地位，健康的流域生态环境对维系滦河流域乃至京津冀的生态安全和保障经济社会可持续发展都有重要的战略意义。滦河在京津冀地区承担着水源涵养、防洪、灌溉等诸多功能。但是，随之而来的城市建设扩展和环境承载压力加大，滦河流域生态功能受到了较大干扰，比如出现水土流失严重、环境承载能力下降、环境生态功能减弱等一系列问题，直接影响流域内人们正常生活，成为区域社会经济的持续健康发展的一项短板。

本章研究是以滦河流域生态健康为研究对象，以滦河流域生态环境现状调查为基础，构建流域生态健康评估体系，研究滦河流域 10 个水生态空间管控分区的水域和陆域生态健康状况。通过进行定量和定性的评估，得出滦河流域的生态健康等级状况及分布特征，进而明确水域和陆域生态系统优先保护和治理的重点对象。

主要依据《流域生态健康评估技术指南（试行）》（环办函〔2013〕320 号），本次滦河流域评估指标共计 6 类 17 项,其中,水域生态健康评估指标主要包括生境结构、水生生物和生态压力 3 类,共 8 项指标;陆域生态健康评估指标主要包括生态格局、生态功能和生态压力 3 类,共 9 项指标。

评估指标权重(水域权重 0.6,陆域权重 0.4,突出了水生态核心考量)确定采用层次分析法,分评估对象、指标类型和评估指标 3 个层次,指标权重见表 3-4。

表 3-4 流域水生态健康评估指标体系

评估对象	指标类型	评估指标	指标权重
水域(0.6)	生境结构(0.4)	水质状况	0.4
		枯水期径流量占同期年均径流量比例	0.3
		河道连通性	0.3
	水生生物(0.3)	大型底栖动物多样性	0.4
		鱼类物种多样性	0.4
		特有性或指示性物种	0.2
	生态压力(0.3)	水资源开发利用强度	0.5
		水生生境干扰	0.5
陆域(0.4)	生态格局(0.3)	森林覆盖率	0.2
		景观破碎度	0.2
		重要生境保持	0.6
	生态功能(0.3)	水源涵养功能	0.4
		土壤保持功能	0.3
		受保护地区面积占国土面积比例	0.3
	生态压力(0.4)	建设用地比例	0.4
		点源污染负荷排放	0.3
		面源污染负荷排放	0.3

注:1. 根据流域实际情况,评估试点可选取群众反映强烈,影响人体健康或影响流域失去生态功能的指标,作为评估单元生态健康状况的一票否决性指标。

2. 当评估河道枯水期径流量小于同期年均径流量的 20% 时,视该评估单元的生态健康状况为差。

流域生态健康综合评估分为两步:首先分别评估流域水生态管控分区的状态和压力;然后进行流域生态健康综合评估。

利用综合指数法进行流域生态健康综合评估,通过水域和陆域健康指数加权求和,构建综合评估指数 WHI,以该指数表示各评估单元和流域整体的健康状况。

综合指数 WHI 计算如下:

$$WHI = I_w W_w + I_l W_l$$

式中,I_w 为水域健康指数值,W_w 为水域健康指数权重;I_l 为陆域健康指数值,W_l 为陆域健康指数权重。I_w 和 I_l 分别由各自的二级指标加权获得。

根据流域生态健康评估综合指数（WHI）分值大小，将流域生态健康等级分为五级，分别为优秀、良好、一般、较差和差。

具体指数分值和健康状况分级详见表3-5。

表3-5　流域生态健康状况分级

健康状况	优秀	良好	一般	较差	差
综合指数（WHI）	$WHI \geqslant 80$	$60 \leqslant WHI < 80$	$40 \leqslant WHI < 60$	$20 \leqslant WHI < 40$	$WHI < 20$

（1）滦河郭家屯管控分区

① 状态评估。滦河郭家屯管控分区是滦河流域干流水质评估指数优秀的评估单元，从浮游植物组成及种群密度看，藻密度为 10.95 $\mu g/L$，底栖动物群落密度为 372.9 $\mu g/L$，以大型底栖动物最为突出，水生生物多样性一般。该单元内土壤保持问题较为突出，土壤侵蚀容易造成土壤退化以及水土保持效益减弱，从而威胁流域的生态健康。另外，该单元生态保护红线区域占比较高，也是提升生态健康的因素之一。

② 压力评估。通过对滦河郭家屯控制单元生态健康压力的评估，得出对评估单元内水资源开发利用强度可接受，主要是农业灌溉用水，其次是工业和居民生活用水。污染源主要为城镇生活和农村生活污水，对比其他控制子单元中污染物入河量，对水体的污染贡献率处于中等偏下的程度。丰宁抽水蓄能电站在该控制子单元内，改建后，原库中大量携带总磷污染物的水沙下泄，致使水体浑浊度显著升高，下游断面监测结果开始出现总磷超标的情况。大河口和达子营断面监测结果显示内蒙古自治区来水曾多次出现总磷超标的情况，在水电站原有拦蓄功能丧失的情况下，从内蒙古自治区多伦县到承德境内达子营断面处大量泥沙冲刷下来无法拦截，总磷附着在泥沙上影响下游断面水质。

（2）伊逊河唐三营-李台管控分区

① 状态评估。伊逊河唐三营-李台管控分区是滦河流域支流水质评估指数优秀的评估单元，唐三营控制断面是滦河上游河流水质评估指数优秀的评估单元，2019年控制断面水质达到Ⅱ类。水生生物多样性一般，以大型底栖动物居多。该单元内土壤保持问题较为突出，土壤侵蚀容易造成土壤退化以及水土保持效益减弱，从而威胁流域的生态健康。另外，该单元生态保护红线区域占比较较高，也是提升生态健康的因素之一。

② 压力评估。通过对伊逊河唐三营-李台管控分区生态健康压力的评估，得出对评估单元内水资源开发利用强度一般，水资源开发利用强度可接受，主要是农业灌溉用水，其次是工业和居民生活用水。单元内污染源主要为城镇生活，其内建有隆化污水处理厂，用于处理城镇生活污水，在10个管控分区中污染负荷占有比重较大。根据污染物入河量贡献情况分析，污染源主要为城镇生活和农村生活，其中城镇生活污染负荷量较大，

唐三营断面2009年之前为Ⅳ类、Ⅴ类,2010年后水质明显改善,基本可保持在Ⅱ~Ⅲ类,仅2013年水质为Ⅳ类。

(3) 武烈河上二道河子管控分区

① 状态评估。武烈河上二道河子管控分区是滦河流域支流水质评估指数优秀的评估单元,2019年控制断面水质达到Ⅱ类。水生生物多样性丰富度一般,以大型底栖动物突出。中游的上二道河子断面水质良好,均可稳定保持在Ⅱ~Ⅲ类,表明近年来承德市工业和城市生活污染对武烈河的水质造成影响的问题得到了较好的控制。

② 压力评估。通过对武烈河上二道河子管控分区生态健康压力的评估,得出对评估单元内水资源开发利用强度相对较强,主要是工业和居民生活用水,其次是农业灌溉用水。武烈河不同水期上二道河子断面水体中总磷、COD浓度波动较小,丰、平、枯三个不同水期水体中COD指标浓度相近,丰水期、平水期水体中总磷指标高于枯水期水体中总磷指标的2.36和2.09倍。

(4) 滦河兴隆庄(偏桥子大桥)管控分区

① 状态评估。滦河兴隆庄(偏桥子大桥)管控分区是滦河流域干流水质评估指数良好的评估单元,水生生物多样性丰富度一般,以大型底栖动物最为突出,特别是用浮游动物生物多样性指数评价水质状况,其水体普遍处于中度污染水平。该单元内土壤保持问题较为突出,土壤侵蚀容易造成土壤退化以及水土保持效益减弱,从而威胁流域的生态健康。2018年,承钢大桥断面水体中COD浓度为37.5 mg/L,为地表水劣Ⅴ类,是上游宫后断面水体中COD浓度的1.23倍;偏桥子大桥断面水体中COD浓度为21.9 mg/L,为地表水Ⅳ类,是上游承钢大桥断面水体中COD浓度的0.59倍。

② 压力评估。通过对滦河兴隆庄(偏桥子大桥)管控分区生态健康压力的评估,得出对评估单元内水资源开发利用强度较强,主要是工业和居民生活用水,其次是农业灌溉用水。根据污染物入河量贡献情况分析,污染负荷主要由城镇生活、农村生活和种植业产生。该单元内污水处理设施相对薄弱,产生的污水主要经德龙污水二期处理厂进行处理。

(5) 滦河上板城大桥-大杖子(一)管控分区

① 状态评估。滦河上板城大桥-大杖子(一)管控分区是滦河流域干流水质评估指数良好的评估单元,2019年大杖子(一)控制断面水质达到Ⅱ类。水生生物多样性丰富度一般,以大型底栖动物最为突出,鱼类与历史数据相比,种类损失较明显。该单元内土壤保持问题较为突出,土壤侵蚀容易造成土壤退化以及水土保持效益减弱,从而威胁流域的生态健康。

② 压力评估。通过对滦河上板城大桥-大杖子(一)管控分区生态健康压力的评估,得出对评估单元内水资源开发利用强度较强,主要是工业和居民生活用水,其次是农业

灌溉用水。根据污染物入河量贡献情况分析,污染负荷主要由城镇生活污水和工业废水产生。2017 年,上游郭家屯断面水体中氨氮浓度 0.13 mg/L,大杖子(一)断面水体中氨氮浓度为 0.55 mg/L,是郭家屯断面水体中氨氮浓度的 4.23 倍。

(6)柳河三块石(26♯大桥)-大杖子(二)管控分区

① 状态评估。柳河三块石(26♯大桥)-大杖子(二)管控分区是滦河流域支流水质评估指数良好的评估单元,2019 年控制断面水质达到Ⅱ类。水生生物多样性丰富度一般,以大型底栖动物最为突出。

② 压力评估。通过对柳河三块石(26♯大桥)-大杖子(二)管控分区生态健康压力的评估,得出对评估单元内水资源开发利用强度较强,主要是工业和居民生活用水,其次是农业灌溉用水。中游 26 号大桥断面受沿途农村面源污染影响,水质持续稳定改善压力较大。因兴隆县污水处理厂升级改造和扩容工程实施后断面水质明显改善,大杖子(二)断面水质较好,可稳定保持Ⅱ～Ⅲ类,2019 年水质同达到了历史最好水平Ⅰ类。

(7)瀑河党坝-大桑园管控分区

① 状态评估。瀑河党坝-大桑园管控分区是滦河流域支流水质评估指数优秀的评估单元,2019 年控制断面水质达到Ⅱ类。水生生物多样性丰富度一般,以大型底栖动物最为突出。

② 压力评估。通过对瀑河党坝-大桑园管控分区生态健康压力的评估,得出对评估单元内水资源开发利用强度一般,水资源开发利用强度可接受,主要是农业灌溉用水,其次是工业和居民生活用水。不同水期党坝断面枯水期 COD、总磷平均浓度分别为 56.90 mg/L 和 0.40 mg/L,是丰水期平均浓度(COD 18.32 mg/L、总磷 0.14 mg/L)的 3.11 和 2.92 倍。瀑河大桑园断面总磷和 BOD_5 水质指标浓度波动较大,稳定保持并好于Ⅱ类水平难度较大。

(8)潘家口水库管控分区

① 状态评估。潘家口水库管控分区是滦河流域干流水质评估指数优秀的评估单元,2019 年控制断面水质达到Ⅱ类。水生生物多样性丰富度较高,以鱼类、大型底栖动物最为突出。

② 压力评估。通过对潘家口水库管控分区生态健康压力的评估,得出对评估单元内水资源开发利用强度较强,主要是工业和居民生活用水,其次是农业灌溉用水。控制好入库河流水质,减少入库污染物排放量是该单元的重点关注方向。

(9)澂河蓝旗营管控分区

① 状态评估。澂河蓝旗营管控分区是滦河流域支流水质评估指数良好的评估单元,2019 年控制断面水质达到Ⅲ类。水生生物多样性丰富度一般,以大型底栖动物最为突出。

② 压力评估。通过澂河蓝旗营管控分区生态健康压力的评估,得出对评估单元内水

资源开发利用强度较强,主要是工业和居民生活用水,其次是农业灌溉用水。

（10）青龙河四道河管控分区

① 状态评估。青龙河四道河管控分区是滦河流域支流水质评估指数良好的评估单元,2019年控制断面水质达到Ⅲ类。水生生物多样性丰富度一般,以大型底栖动物最为突出。

② 压力评估。通过青龙河四道河管控分区生态健康压力的评估,得出对评估单元内水资源开发利用强度较强,主要是工业和居民生活用水,其次是农业灌溉用水。

2. 流域生态综合分析评估

通过对滦河流域整体生态健康状况的评估可以得出,流域的"水质状况指数"较高,水土流失、水量和水生生物多样性是影响滦河流域生态健康的重要因素。流域内陆域生态健康状况各项指标较为均衡,森林覆盖率、水源涵养功能达到"良好"的评估级别。生态保护红线区域比例评分为85.2,评估级别为"优"。

滦河流域水资源开发利用强度较大,水质仍然面临着工业结构性污染问题和农业面源污染治理问题两方面的压力。流域经济发展迅速,随着城市的扩建,人类活动频繁,对自然的开发利用,也加剧了流域内土壤侵蚀和土壤退化。

滦河流域生态健康综合评估,是在流域环境状态和压力分析的基础上,运用综合指数 WHI 计算公式得出的。流域生态健康的等级状况如表3-6所示,综合评估结果如图3-11所示。

表3-6 滦河流域生态健康综合评估结果

序号	空间管控分区名称	管控类别	控制断面	所在水体	评估分值	评估状态
1	滦河郭家屯管控分区	优先保护区	郭家屯	滦河	76.5	良好
2	伊逊河唐三营-李台管控分区	重点修复区	唐三营、李台	伊逊河	74.7	良好
3	武烈河上二道河子管控分区	优先保护区	上二道河子	武烈河	80.2	优秀
4	滦河兴隆庄(偏桥子大桥)管控分区	重点修复区	兴隆庄	滦河	56.8	一般
5	滦河上板城大桥-大杖子(一)管控分区	重点管控区	上板城大桥、大杖子(一)	滦河	59.4	一般
6	柳河三块石(26♯大桥)-大杖子(二)管控分区	重点修复区	三块石、大杖子(二)	柳河	76.1	良好
7	瀑河党坝-大桑园管控分区	重点修复区	党坝、大桑园	瀑河	74.3	良好
8	潘家口水库管控分区	优先保护区	潘家口水库	潘家口水库	76.8	良好
9	潵河蓝旗营管控分区	重点修复区	蓝旗营	潵河	69.5	良好
10	青龙河四道河管控分区	重点修复区	四道河	青龙河	68.3	良好

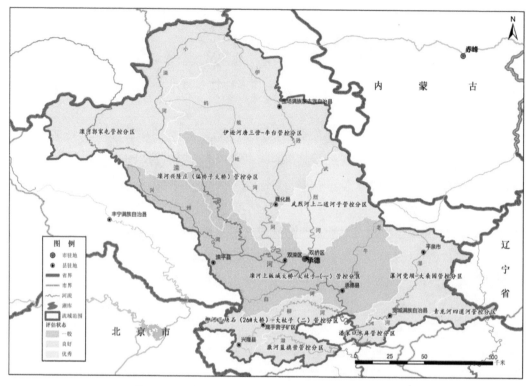

图 3-11　滦河流域(承德段)生态健康综合评估结果

总体来说,滦河流域在近年的水资源与水环境综合整治过程中已取得显著成果,但流域内依旧存在很多问题亟待解决。流域内河流水量丰沛但不均衡,水质能达到水环境功能区划要求,水生生物多样性水平一般。人类社会活动对流域生态系统干扰依然较大,水域生态系统自然生境受到一定程度破坏。受滦河干流和主要支流上游水土流失等影响,上游来水含沙量较大,局部河段河床被泥沙覆盖,由于河道河岸带等受损,河道水生态系统平衡受到不同程度的破坏,水体自净能力下降,影响鱼类等在水中摄取氧的能力,使生物多样性降低。

3.2.3.3　流域水生态管理与保护修复对策

1. 总体判别及基本考虑

（1）流域的生态战略定位

滦河流域水生态管理与保护修复必须要紧紧围绕京津冀水源涵养功能区、京津冀生态环境支撑区、国家可持续发展议程创新示范区、国际旅游城市（简称"三区一城"）功能定位,树立生态优先意识,加强水生态建设,统筹水环境、水资源、水生态保护与修复,充分发挥滦河流域的主导生态功能,让流域生态更健康,支撑高质量发展的资源承载力更强,为探索一条经济欠发达地区生态兴市、生态强市的路子提供坚实的生态环境支撑(图3-12)。

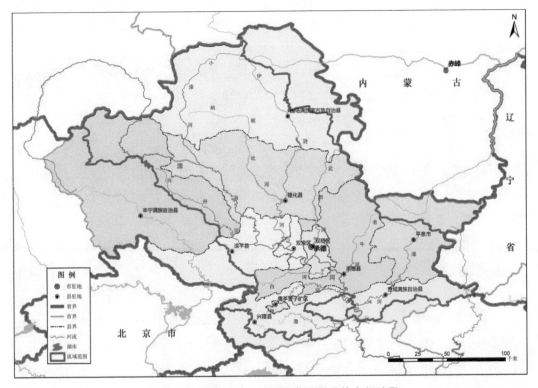

图3-12 滦河流域(承德段)范围及承德市行政图

① 京津冀水源涵养功能区。恢复与保护森林、草原、湿地等自然生态系统,以滦河、武烈河、伊逊河等河流为重点,改善水文条件、调节径流、净化水质,提升水源涵养能力。

② 京津冀生态环境支撑区。提高森林、草原、湿地等生态用地比例,加强水体、土壤等污染治理,提升水土保持、防风固沙、生物多样性和固碳释氧等生态服务功能。

③ 国家可持续发展议程创新示范区。以绿色发展为根本目标,按照高质量发展要求,立足滦河流域资源环境优势,构建绿色产业、绿色能源、绿色城镇、绿色交通和绿色服务体系,逐步建成绿色化、可持续化与人居舒适有机结合的美丽示范区。

(2)流域的主要生态特征

滦河流域(承德段)属于温带大陆性季风区,冬季寒冷干燥,夏季高温多雨,流域整体地势由西北向东南倾斜。

① 流域上游为坝上、围场高原区:主要有滦河郭家屯管控分区、伊逊河唐三营-李台

管控分区,共 2 个分区。

基本特征:处在高山、中山地区(以林地为主的土地利用类型)向丘陵(以耕地和建设用地为主的土地利用类型)过渡的地带。土壤覆盖以栗钙土和风化土为主;区域内河流坡度较缓,蜿蜒度较大,河流岸边带以湿地和草地分布为主;生态较为脆弱,面临土地沙化的问题;水土流失类型为风力侵蚀和水力侵蚀。

② 中游为冀北燕山丘陵区:主要有武烈河上二道河子管控分区、滦河兴隆庄(偏桥子大桥)管控分区、滦河上板城大桥-大杖子(一)管控分区、柳河三块石(26♯大桥)-大杖子(二)管控分区、瀑河党坝-大桑园管控分区,共 5 个分区。

基本特征:夏季多雨,冬季寒冷干燥,降雨多;土壤覆盖分布类型有褐土、薄层土、棕壤和壤质石灰性潮土,整体坡度大,15°以上坡度占比 33% 以上,土壤风化强烈,局地暴雨频发,导致水土流失在局部区域仍较突出;植被覆盖以林地为主,其中灌木林为主要类型。流域内分布有国家和省级各类自然保护地,水土流失类型以水力侵蚀为主。该区域人口逐渐增多,开发强度大,多数河流形态单一、连通性受阻,排污、截弯取直等破坏活动不断存在,采用钢筋混凝土或浆砌石等对河道进行硬化,改变了河流的自然景观,造成了局部河流水域的水质变差与生态退化。

③ 下游为燕山山前平原:主要有潘家口水库管控分区、澈河蓝旗营管控分区、青龙河四道河管控分区,共 3 个分区。

基本特征:土壤分布类型为粗骨土和普通冲积土;林草覆盖面积达 60%,且景观分布破碎。该区域农业用地面积大,农业生产中普遍施用高氮高钾肥,化肥投入强度超出了土壤和植物的吸收能力,造成养分流失、土壤高盐累积等一系列问题,此外,在防治病虫害中也存在过量使用农药等问题,加之大量的农业剩余物处置不当、随意堆弃,这些都对水体和土壤造成了直接影响。河道的截弯取直减少了径流在河道中的滞留时间,使水流流速增大,加剧了对河床底部和河岸的冲刷,造成了下游河段淤积,也减少了对地下水的补充。

10 个管控分区的"山水林田湖草"系统与小流域脆弱性要素相关联,研究和现场调研得出的土壤侵蚀模数、植被覆盖度、泥石流隐患点的敏感性、生活垃圾散布等能够反映"山、林、水、田、草"与人的系统问题。

(3) 流域的重点生态问题

① 滦河中上游地区是水土流失较为严重的区域,区域内水土流失面积广泛,侵蚀强度多为中度以上;随着流域水土流失的不断加剧,地表植被受损,保水保土能力下降,有雨时洪水泛滥,无雨时河道基流减少甚至断流。加之,流域范围内人为侵占滨岸缓冲带,造成滨岸缓冲带内的生态系统严重退化,水陆间的自然过渡带逐渐消失,植被物种单一,

生态系统不稳定;滨岸缓冲带的污染物拦截与净化功能削弱,污染物直接排入河湖,造成河湖水质污染。另外,水生生物多样性也面临威胁,土著鱼类资源明显减少,天然鱼类种群数量日趋缩小,生殖亲体朝小型化、低龄化方向发展。

② 城镇截污管网建设缺口较大,雨污合流、污水直排现象依然存在。城镇污水处理厂提标改造滞后,乡镇污水处理设施建设进展缓慢,污水收集率低。农村水生态环境面临威胁。化肥、农药使用量大,在降水和径流冲刷下大量污染物进入水体,面源污染较重。滦河流域中小河流治理及达标比例较低,防洪体系存在薄弱环节。滦河流域有防洪任务的河段治理比例仅为 40% 左右。河湖两岸湿地生态功能退化,因泥沙淤积、水电开发等原因,造成部分自然湿地面积减少,表现为湿地景观性丧失、生物多样性受损、生态功能性退化,导致水源涵养能力降低。

③ 水生态空间范围尚未划定,水域岸线权责不明,确权工作涉及部门较多,部分河段管理范围较大,导致水域岸线确权划界工作进展缓慢。涉水空间边界模糊、使用权重叠、空间管护困难等问题,与健全产权制度要求不相符。水生态环境监控监管能力较薄弱,在一定程度上制约了保护力度。

2. 流域生态保护与修复具体措施

(1) 总体思路

以"全局统筹、分区治理、夯实基础、突出特色"为核心,以"上游增能力,中游强管控,下游减负荷"为主线,从严格水资源保护、加强水生态空间管控、保障河流生态流量、推动重点区域修复治理和强化水生态监测等方面入手,系统修复治理,打造良好的水生态基础。上游加强涵养水源,严格管控生态空间;中游以自然环境承载力为最大刚性约束,加强生态环境治理;下游结合跨区域调水,优化水资源配置格局。实现水源涵养、生态屏障、生态优化等作用能力在不同分区相互支撑的生态格局。

(2) 修复方法

水生态保护与修复的重点是保障生态系统维持正常水循环所需的水量平衡关系。坚持节水优先、水资源保护与治理并重。利用"点、线、面"结合的方法,其中"点"是滦河流域水生态系统中具体保护和修复的区块,"线"是河流主要干支流河道,"面"是划定的水生态修复管控分区。在实现水生态环境保护以及修复的过程中,根据流域内水生态环境的完整性,构建"点、线、面"一体化的水生态环境保护以及修复方法体系。在具体工程和措施上,主要按照清淤疏浚、水系连通—控源截污—生态修复—水环境治理—长效管理的治理思路进行。

根据管控分区生态特征,提出了 6 条生态保护与修复措施类型,见表 3-7。

表 3-7　管控分区生态保护与修复措施具体类型及要求

序号	措施类型	具　体　要　求
1	水源涵养	主要针对受到人为干扰而存在草场退化、土壤沙化、水源涵养功能下降、生物多样性下降等生态问题的上游地区,以及尚未列入水源地保护的水库库区,开展围栏封育、林草建设、生物固沙、退牧还草、退化草地治理等水源涵养治理措施。
2	湿地保护与修复	以保护天然湿地资源,满足重要湿地生态用水,修复受损的河滨、湖滨为目标。针对不同区域湿地特征,采取不同的保护与修复措施。主要包括湿地封育保护、湿地补水、生物栖息地恢复与重建等工程。
3	重要生境保护与修复	主要针对鱼类栖息繁殖的重要河段开展保护与修复。包括洄游通道保护、天然生境保留河段、"三场"保护与修复、河流连通性恢复措施及增殖放流。
4	河湖水系连通	通过闸坝建设、河道清淤、疏通等措施恢复通江湖泊的水力联系,维护河湖水生态系统。
5	河岸带生态保护与修复	以城市河段及河岸坍塌河段整治为主,包括生态护岸工程、浆砌石护坡生态修复工程、城市江段滨河绿色景观建设工程及植被缓冲带建设工程等。
6	水生态综合治理	针对同时面临着水量短缺、水质污染、生境破坏、萎缩及功能退化等多种问题的河流,实施单一措施难以实现改善河湖生态环境目标。需要采取河道清淤整治、河岸带建设、生境营造及湿地保护等水生态综合治理措施进行改善和修复。

（3）具体措施

① 注重 ET 兼顾 EC、ES 的具体措施

严格按照管控分区管理,定期开展水域岸线巡查,掌握水域岸线类型、所有权属、功能定位、管理保护范围、生态环境状况、开发利用现状等基本信息,根据不同河段的特点,合理界定岸线的主要功能,统一规划、合理考虑防洪治理、城市基础建设、河湖生态环境保护以及沿河地区国民社会经济发展的需求,科学界定岸线功能区,确定水域岸线资源保护利用的总体布局。加强水资源保护规划、采砂规划、岸线利用管理规划等重要规划对河湖管理的指导和约束作用。

构建节水体系,完善节水措施。科学制定滦河流域（承德段）节水制度体系,把年度用水总量控制在正常年际间可更新、可补充、可循环的范围内。积极推进农业节水,改革传统的灌溉模式,实行小畦灌溉、长畦短灌、窄畦速灌、细流沟灌,推广管灌、微灌、滴灌、喷灌,合理调整农业种植结构,压缩高耗水作物面积,发展旱作农业,降低灌溉定额,将农田灌溉系数提高至或高于北京市的 0.747、天津市的 0.714。实施高用水企业的节水技术改造,淘汰一批高耗水、重污染、低效率的项目。

加强宣传,创新节水发展模式。借助"世界水日""中国水周"等重点时机,探索政务新媒体运营模式,与时俱进开展节水宣传,鼓励社会各方积极参与节水活动,逐步在全社会普及节水知识,形成节水风尚,使得节水真正根植于心、践之于行。安排专项资金,开展"节水

器具进万家"和"节水器具进校园进机关"活动,推广使用节水器具,改变用水浪费的陋习。

② 注重 ES 兼顾 ET、EC 的具体措施

在流域上游坝上、围场高原区,大力实施涵养林草植被保护和建设,宜林则林、宜草则草,持续加强水土流失综合防治,恢复生态系统的自我修复能力。开展 133 处水土流失重点区域的综合治理,同步加强沟壑区固沟保塬、侵蚀沟、坡耕地综合治理。在坚持传统适宜水土保持技术(包括水平条、梯田、树盘)的基础上,根据区域土壤侵蚀特点,针对难点、热点问题开展措施研究与布设,包括经济林下水土流失、建设项目水土流失等。中游冀北燕山丘陵区大量种植杏树,林下水土流失问题最为突出,需要攻关工程、耕作与管理措施相结合的方式,例如,林草复合、林药复合、改进采摘机械、禁施农药辅以农户补贴等综合方式开展治理。

由于滦河兴隆庄(偏桥子大桥)管控分区、滦河上板城大桥-大杖子(一)管控分区等区域人居相对密集、活动强度较深山大,想要把河流修复至近自然状况难度很大,因此,应采取近自然的修复方式,并结合生态系统的自然恢复能力,使河流生态系统的结构和功能尽可能恢复到人为干扰少的状态。以恢复水体生态功能、改善水质、保障防洪及提升景观价值为目标,建立包括防洪空间扩展、河流连通性恢复、河流水文地貌修复、休闲亲水条件改善等关键技术在内的河流近自然治理技术体系。建设生态绿廊,在城镇及郊区河段建设滨河公园、郊野公园等,增加亲水空间。

注重开展岸带生态恢复,改变传统浆砌石混凝土治河技术,可依据具体情况进行调整设计,可采取植草沟、天然材料垫、透水砖等形式,对原有硬化河岸(湖岸)进行改造,通过恢复岸线和水体的自然净化功能,强化水体的污染治理效果。对于滨岸坡面或直立岸堤,鼓励采用近自然岸堤、生态混凝土、石笼护岸、栅栏护岸及藤蔓植物仿自然等技术对滨岸带进行生态化改造,去除硬质化、渠系化及"三面光"河道。

③ 注重 EC 兼顾 ET、ES 的具体措施

对于各管控分区,特别是沿河两岸的"田"系统,农田、果园分布较多,针对其存在的面源污染和生态服务价值低等问题,其修复措施主要包括 2 个方面:在农业地块上全面推行基于测土配方施肥的节肥节药技术,包括水肥一体化技术、环境友好型肥料应用和病虫绿色防控技术等,结合周围排水沟渠的缓冲带建设等生态化治理技术,形成农业面源污染从地块源头削减—入河污染降低—沟渠水质净化等一系列完整过程,达到污染防控的目的;开展农业结构和功能的调整研究,引导农业由追求产量为主的单一目标向农业旅游、农业休憩的多功能目标转变,提高农产品和服务品质,创造生态农业的经营模式,以提升农业生态服务价值,带动乡村振兴。

对农村生活污水进行无害化处理后再排放,生活垃圾分类收集、及时压缩转运、统一处理;逐步减少分散式畜禽养殖数量,鼓励兴建规模化养殖场,对养殖产生的废水、粪便

等集中收集制作成有机肥料；推广农业清洁生产技术，充分利用空间形成立体化、系统化养殖与种植，种植业为养殖业提供饲料，养殖业为种植业制造肥料，整体减少污染物产生量。

对比汛期非汛期滦河流域主要河段入河污染物量，在汛期时，由于雨水冲刷，地表污染物经雨水携带进入河流中，汛期污染物总量比非汛期污染物总量高。建议可以加大蓄水设施建设，一方面可以提高非汛期的水资源供应不足的应对能力，另一方面也可以强化汛期流域内的防洪体系。同时，对河道及支流两侧的植被进行修复、实施河湖生态隔离带和沿河水源涵养林建设也可在一定程度上起到水土涵养，起到减少土质中营养物质大量流失的作用，这在一定程度上也可以降低水体环境中 TP 和 TN 等物质的浓度。

3.2.4　主要创新点

项目的主要创新点是参照《重点流域水污染防治"十三五"规划编制技术大纲》及"十四五"流域生态保护要求，在"水十条"承德市涉及控制单元划分成果的基础上，按照承德市水（环境）功能区划成果，优化选取地方控制断面节点，按照自然汇水情况和排污去向，综合叠加"水功能区架构-水生态问题识别-土壤侵蚀模数分析-水生生物调查评价"技术成果，突出滦河流域水资源供给保护、水文调节保护、水生命支持的三个重点功能，在此基础上，优化整合为滦河流域水生态修复管控分区，遵循流域生态的系统性和整体性特征，实现对滦河流域（承德段）各区县、乡镇的重点管控，以及水生态管控空间内的地表水水（环境）功能区与排污口、污染源的衔接，促进流域水生态保护的精细化、科学化管理与修复。

本项目可为相关的国家、省（区、市）和地方各级生态环境部门提供更加全面的流域资料和管理措施，为进一步管控的制定提供依据，进而改善滦河流域水生态的现状。

3.3　滦河子流域基于 ET/EC 的排污定额管理 *

3.3.1　项目背景

3.3.1.1　立项意义

滦河是海河流域主要水系之一，不仅支撑着区域内经济社会的发展，也是直辖市天津市、河北省唐山市的主要水源地，引滦入津入唐供水工程产生了巨大的社会、经济和生

---

* 由陈荣志、张阳、梅笑冬、刘如钢、覃露、李阳、田雨桐、赵丹阳、王东阳、张萌、周强、张成波、李振兴执笔。

态效益。滦河流域是京津的水源涵养区和生态保护区,也是京津冀协同发展的重要组成部分。河北省承德市位于滦河中上游区域,涉及承德市境内流域面积 28 616 km²,占承德全市总面积的 72%。承德市滦河的水生态环境安全,对于保障滦河的水生态环境健康和京津的水资源使用具有重要意义。

项目研究工作的开展,全面贯彻了党的十八大,十八届三中、四中、五中全会精神,大力推进生态文明建设。基于承德市滦河流域为缺水地区,污染防治工作应坚持控源减污与开源增容并重。对于水量,通过全方位节水、科学调度水利设施以增加下泄水量等手段,维持河流最小生态流量,强化生态流量对改善流域水质的基础性、前置性作用。用最可行的手段、最有效的方案、最管用的机制强化滦河流域水污染防治,为下游京津地区提供良好的生态屏障。项目产出成果将支撑承德市 IWEMP 编制的技术工作,为切实保护滦河流域水环境质量,落实水资源水环境综合管理模式提供支撑,以供流域管理单位和受益项目区有关部门参考,利于进一步扩大 GEF 主流化项目的影响。

3.3.1.2 研究目标

本项目以持续改善承德市滦河水质、确保滦河水生态环境能够永续发展为主要目标,将滦河流域选作目标区域,根据《承德市滦河流域水污染防治规划(2012～2020 年)》和《滦河上游水生态环境综合治理方案项目建议书》等研究中的耗水(ET)、环境容量(EC)计算结果,充分衔接承德市水污染防治行动计划,构建承德市滦河流域优先控制单元清单;基于流域 EC 现状及分布,识别各优先控制单元水环境问题,计算各优先控制单元减排要求,提出各控制单元水环境持续改善和综合管理方案。同时与 GEF 主流化项目国家层面其他研究成果及石家庄市项目研究成果相结合,支撑承德市 IWEMP 的技术工作,为切实保护滦河流域水环境质量,落实水资源水环境综合管理模式提供支撑,进一步扩大 GEF 主流化项目的影响。

3.3.2 研究内容与技术路线

3.3.2.1 研究内容

1. 水环境管理目标的设计

根据承德市滦河流域控制单元的水环境问题,建立控制单元指标目标体系。控制单元指标体系以水环境质量目标为核心,考虑污染源与污染控制等水环境管理指标。充分考虑必要性及可达性,衔接水(环境)功能区目标、"十四五"规划目标、现状水质类别、水质变化趋势等,合理确定目标值,构建承德市滦河流域优先控制单元清单。

2. 控制单元达标方案评估

基于环境容量分配结果,结合控制单元达标方案的评估技术方法,评估试点控制单元水环境污染物总量控制目标与水环境质量改善的响应关系;考虑控制单元的经济发展条件和污染物的来源,研究控制单元污染减排潜力;根据经济预测情况,结合污染物减排策略和水平,预测污染物排放情况;根据污染物排放预测情况,分析污染总量减排目标合理性、减排措施有效性、减排效果可达性。

3. 基于 EC 与 ET 的控制单元达标方案设计

以滦河水质目标为基础,结合 EC 环境容量计算结果,并综合考虑 ET 节水需求(包括农业、工业及城镇生活节水),进行控制单元间和控制单元内的不同方案优化。在多方案比选的基础上,通过模型方法设计提出可操作、技术经济可行的污染物总量削减方案,并具体落实工业企业的污染物排放总量要求。

4. 控制单元 EC 管理政策制度研究

结合国内外总量控制的环保与经济政策,借鉴国内外先进科学技术及理论研究方法,从污染物总量控制、考核、监测等体系建设方面出发,结合 ET 的改善潜力和 EC 的管理要求,对滦河子流域控制单元未来水污染物总量控制目标、考核指标设置等提出具体政策建议。

3.3.2.2 技术路线

项目技术线路图如图 3-13 所示。

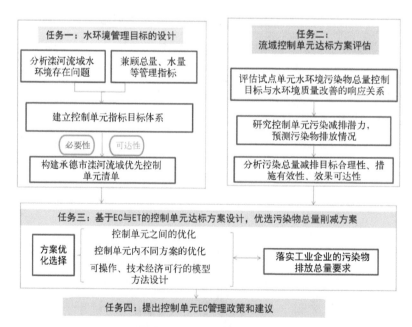

图 3-13 项目技术路线图

3.3.3 主要研究成果

3.3.3.1 控制单元清单划分

1. 控制单元划分方法

在滦河流域水环境控制单元划分中,应从流域水质整体提升的角度,坚持流域统筹、区域统筹、城乡统筹、环境与发展统筹,形成流域齐抓共管的防治模式。分阶段分步骤,突出重点,以点带面,针对优先控制单元、重点环境问题,实施重点任务和工程,集中力量,率先突破。基于承德市滦河流域为缺水地区,污染防治工作应坚持削减总量和增加水量并重。本研究划分滦河流域水环境控制单元的主要步骤如下。

（1）水系概化和汇水范围确定

水系概化和汇水范围确定是控制单元划分的基础性工作,建立水污染防治分区体系,按照环境功能要求及实际状况实施分区防治、分类管理。对于饮用水源、重要生态功能区、源头水以及良好水体所在的单元,通过综合防治措施维护良好水质。对于水质未达标水体以及城镇黑臭水体所在的单元,强化污染减排及生态基流保障措施,确保水质明显改善。对于生态系统退化的单元,重点加强生态恢复力度,提升区域生态环境质量。水系概化和汇水范围确定包括以下步骤：① 基础数据收集,系统收集承德市滦河流域大比例尺行政区划和水系河网等矢量数据;② DEM 提取河网,应用 ArcGIS 软件中 ArcHydro 水文模块的相关命令生成河流网络;③ 水系概化,包括检查河流的相互连接状况、检查河流流向、依据河流等级完成水系概化等;④ 汇水范围确定,配好基础地图和完成水系概化后,提取水系对应的陆域汇水范围。

（2）控制断面选取

根据承德市水环境管理需求,在重要支流、县城下游、重要功能水体、跨县（区）界水体、重污染区域下游、水质较差河段等处选取地方控制断面。当从不同角度选取的地方控制断面位置临近时,需分析各断面的水质代表性和重要性,最终保留一个控制断面。对重污染区域相对密集地选取地方控制断面,人类活动少、水质较好区域可少选取或不选取地方控制断面。

（3）陆域范围确定

控制单元为水陆对应面状区域,自然水系为陆域划分的基础,应根据自然水系、断面位置确定陆域汇水范围。同时,考虑行政管理需求,尽可能维持乡镇级行政边界的完整性。以控制断面为节点,组合同一汇水范围的多个子流域初步形成控制单元陆域范围,再以乡镇行政边界修正、调整单元边界,确保控制单元不分割行政区。若一个行政区存在两个汇水去向,需结合行政中心位置判断主导汇水去向,将其完整地划至某一个控制单元。

(4)与水功能区衔接

将控制单元与水环境功能区有机整合,以便合理确定控制单元的水质目标及管控要求,并建立统一的水环境分区体。若一个水环境功能区跨多个控制单元,应根据控制单元边界对水环境功能区进行分割,继续保留原有监测断面,其水质状况作为确定控制断面水质目标的依据。若一个控制单元包含多个连续、不连续水环境功能区,则可直接纳入控制单元,并作为控制子单元划分的重要依据。

2. 控制单元划分结果

控制单元划分根据滦河及其各支流作为陆域划分的基础,根据河流水系和断面位置确定了陆域的汇水范围,并按照承德市辖区内各乡镇县的行政边界来构建控制区以维持行政边界具有完整性。控制断面应当位于重要支流、县城下游、重要功能水体、跨县市、区界水体、重污染区域下游、水质较差河段等位置,并对临近的控制断面选择具有重要性、代表性的断面予以保留。出于数据获取的便利性和现实情况的考虑,控制断面主要选取现有的国控、省控、市控断面,但部分地区可能缺少断面,此时也可以进行断面替换。

根据以上方法,利用已有的国控、省控、市控断面,选择了具有区域污染代表性、控制必要性的断面,并根据滦河及其各支流的长度,各支流选择1~3个控制断面比较合适,而干流上可以设置5个控制断面。因此,选取了大杖子(二)、三块石、大杖子(一)、郭家屯、上板城大桥、兴隆庄、潘家口水库、大桑园、党坝、蓝旗营、上二道河子、李台、唐三营、大黑汀水库、滦县大桥、四道河、闪电河中桥这17个控制断面。

以上述控制断面为节点,以上游到下游、左岸到右岸、支流到干流的顺序确定各区县排污去向,对各区县行政区域内的主导排污去向明确且单一的,按照行政区域划分各控制单元。对有多个排污去向的,则按照汇水范围进行拆分,并按行政区域进行参考。

对承德市滦河流域的控制单元划分清单如表3-8所示。

表3-8 控制单元清单

序号	所属流域	所在水体	控制断面	省份	市	县(市、区)
1	海河流域	柳河	大杖子(二)	河北省	承德市	承德市:承德县、兴隆县
2	海河流域	柳河	三块石	河北省	承德市	承德市:兴隆县、鹰手营子矿区
3	海河流域	滦河	大黑汀水库	河北省	承德市、唐山市	承德市:兴隆县 唐山市:迁西县
4	海河流域	滦河	大杖子(一)	河北省	承德市	承德市:承德县、平泉市、双桥区

序号	所属流域	所在水体	控制断面	省份	市	县（市、区）
5	海河流域	滦河	郭家屯	河北省	承德市	承德市：丰宁满族自治县、隆化县、围场满族蒙古族自治县
6	海河流域	滦河	滦县大桥	河北省	承德市、秦皇岛市、唐山市	承德市：宽城满族自治县 秦皇岛市：青龙满族自治县 唐山市：滦州市、迁安市、迁西县
7	海河流域	滦河	上板城大桥	河北省	承德市	承德市：丰宁满族自治县、滦平县、双滦区、双桥区
8	海河流域	滦河	兴隆庄	河北省	承德市	承德市：隆化县
9	海河流域	潘家口水库	潘家口水库	河北省	承德市	承德市：宽城满族自治县
10	海河流域	瀑河	大桑园	河北省	承德市	承德市：宽城满族自治县
11	海河流域	瀑河	党坝	河北省	承德市	承德市：平泉市
12	海河流域	青龙河	四道河	河北省	承德市	承德市：宽城满族自治县
13	海河流域	潵河	蓝旗营	河北省	承德市	承德市：兴隆县
14	海河流域	闪电河	闪电河中桥	河北省	承德市、张家口市	承德市：丰宁满族自治县 张家口市：沽源县
15	海河流域	武烈河	上二道河子	河北省	承德市	承德市：承德县、隆化县、双桥区
16	海河流域	伊逊河	李台	河北省	承德市	承德市：隆化县、滦平县、围场满族蒙古族自治县
17	海河流域	伊逊河	唐三营	河北省	承德市	承德市：隆化县、围场满族蒙古族自治县

3.3.3.2 流域控制单元环境容量

1. 环境容量核算模型

MIKE 11 模型在我国流域水环境模拟研究中具有很好的模拟效果，如张美英在浑河流域采用该模型对流域的水量、水质进行了模拟，熊鸿斌等在十五里河流域采用该模型对流域水质改善方案进行了模拟，穆聪采用该模型对城市流域水文-水环境模拟进行应用等。综合 MIKE 11 在实际工程中的应用情况可见：MIKE 11 具有多个模块，在多个领域得到了应用，进行一维模拟所需的时间短，且模拟精度很高；具有丰富多样的结果展示方法，易于理解。承德市滦河流域水资源年内分配极不均匀，全年降雨量的 80% 集中在汛期（6～9 月），而在农业大量需水的 4～5 月份径流量最小，仅占全年径流量的 10%。滦河子流域水资源补给主要依靠降水，降水时空分配不均，空间分布特征为西北少、东南多，自上游至下游逐步递增。基于 MIKE 11 水动力-水质模型在农村-城市流域均具有很好的利用性,结合滦河流域环境现状,选用 MIKE 11 模型对承德市滦河流域水环境容量测算以及污染物总量减排进行模拟研究。

2. 模型数据库建立

(1) 建模数据清单

基于 MIKE 11 模型对承德市滦河流域水环境容量测算以及污染物总量减排进行模拟研究,建立滦河流域模型数据清单以及数据收集进展表。

表 3-9　模型数据表

数据类型	具体数据	数据获取来源
空间数据	流域数字高程模型(DEM)数据	可利用中国科学院地理空间数据云平台提供的 STRM 30 m×30 m 分辨率数字高程模型(DEM)数据
土壤属性数据	流域内土壤类型和土壤属性及其分布	土壤类型分布数据采用联合国粮农组织构建的1:100 万 HWSD 数据库、FAO1990 土壤分类系统和中国土壤分类系统,通过美国华盛顿大学开发的土壤水特性软件 SPAW 计算土壤的属性数据,进而得到流域内土壤类型和土壤属性及其分布
土地利用数据	流域内土地利用分类	来源于流域周围土地调查数据库,根据土地利用分类系统对土地利用进行分类并得到其流域分布
气象数据	流域日最高/最低气温、日相对湿度、日降水量、日平均风速、太阳辐射量等数据	主要包括日最高/最低气温、日相对湿度、日平均风速、太阳辐射量数据,可从各水文监测站点获取
降水数据	流域降水量	可分析雨期时,流域受到的补水以及模拟在雨期时流域遭受的面源污染,可从各水文监测站点获取
水文监测	国控断面、省控断面、流域干流、支流主要进水、出水断面河宽(m)、流速(m/s)、流量(m³)	国控断面、省控断面、水文监测站以及实地测量
水质监测	国控断面、省控断面、流域干流、支流主要进水、出水断面各项污染指标及其浓度	国控断面、省控断面以及实地测量
污染源数据	承德市滦河流域点源、面源、污染源类型以及污染源程度	污普数据、企业排污许可数据以及实地测量
其他数据	流域主要种植物信息等	相关资料

在 MIKE 11 模型模拟流域水质中,模型构建所需的主要数据有空间数据、土壤属性数据、土地利用类型、气象数据、降水数据、水文监测数据、水质监测数据、污染源数据以及其他数据。研究区空间数据利用中国科学院地理空间数据云平台提供的 STRM 30 m×30 m 分辨率数字高程模型(DEM)数据,或者可采用国家测绘局 1:250 000 地形图数字化—拼接—三角网化—格网化而成。

土壤类型分布数据采用联合国粮农组织构建的 1∶100 万 HWSD 数据库、FAO1990 土壤分类系统和中国土壤分类系统,通过美国华盛顿大学开发的土壤水特性软件 SPAW (Soil Plant Air Water)计算土壤的属性数据,进而得到流域内土壤类型和土壤属性及其分布。研究区地貌分为山区(包括中山区、低山区)、丘陵区、岗地区以及冲积平原区 4 种类型,主要了解研究区土壤类型,各类型在流域研究区域占比,了解研究区流域土壤分布与地貌类型间存在的对应关系。

土地利用数据来源于流域周围土地调查数据库,根据土地利用分类系统对土地利用进行分类并得到其流域分布。

气象数据可在流域研究区气象站点获取,或从研究区所属区域相关水文局、气象局等获取各个站点或临近站点时间序列的逐日气象数据,主要包括日最高/最低气温、日相对湿度、日降水量、日平均风速、太阳辐射量数据等。

降水数据可由流域水文监测站获取,主要获取流域月降雨及年降雨情况,可分析雨期时,流域受到的雨水补给以及模拟在雨期时流域受到的面源污染。

流域水文监测数据可由国控断面、省控断面、水文监测站和当地水利局提供,主要获取流域干流、支流主要进水、出水断面河宽(m)、流速(m/s)、流量(m^3/s)。主要用于模型 HD 水动力模块进行流域水动力模拟。

水质监测数据可由国控断面、省控断面、当地生态环境局以及实地采样检测获取,主要获取流域干流、支流主要进水、出水断面各项污染指标及其浓度。用于流域水环境现状分析以及趋势预测,水质模型的率定及校验。

污染源数据可由污染普查数据、企业排污许可数据以及实地测量获取。主要获取流域周围环境污染源类型、污染源分布以及污染源污染情况。为流域后续水环境容量核算以及污染物总量分配作基础。其他数据主要为流域主要种植物等。氮肥主要为尿素,磷肥主要为磷酸钙。

(2) 流域水文数据库建立

滦河流域共计 16 个水文站,水文站主要分布在滦河流域干流及支流上,主要分布支流有武烈河、老牛河、柳河、瀑河、小滦河、兴洲河、蚁蚂吐河以及伊逊河上,详细的水文站点信息以及站点以边界条件形式在模型中表达的数据,以如表 3-10 形式列出。

表 3-10 滦河流域水文站点表

水文站名称	所在流域	所在流域点位(m)	河宽(m)
乌龙矶	滦　河	595 422	51.8
承　德	武烈河	37 554	137.3

（续表）

水文站名称	所在流域	所在流域点位（m）	河宽（m）
下板城	老牛河	66 766	62.6
兴 隆	柳 河	14 753	30.7
李 营	柳 河	66 152	22.0
平 泉	瀑 河	30 516	123.2
宽 城	瀑 河	106 184	172.5
郭家屯	滦 河	219 857	27.2
沟台子	小滦河	138 736	22.7
波罗诺	兴洲河	57 959	39.4
三道河子	滦 河	450 274	46.4
下河南	蚂蚂吐河	124 243	41.0
边墙山	伊逊河	39 049	33.0
围 场	伊逊河	54 243	73.0
庙宫水库	伊逊河	83 180	24.0
韩家营	伊逊河	218 655	127.1

3. 流域控制单元环境容量超标情况

流域控制单元环境容量是否需要减排，需根据流域目标环境容量与环境容量现状对比可知，公式如下：

$$E_{c目} - T_p = \Delta E_c \begin{cases} >0，当前环境容量富余； \\ =0，当前环境容量为零； \\ <0，超出当前环境容量，需进行污染物减排。 \end{cases}$$

式中，$E_{c目}$ 表示控制单元目标环境容量，T_p 表示控制单元环境容量现状，ΔE_c 为目标环境容量与环境容量现状的差值。当 $\Delta E_c > 0$ 时，表示控制单元环境容量现状未超过控制单元目标环境，环境容量仍有富余；当 $\Delta E_c = 0$ 时，表示控制单元环境容量现状与目标环境容量持平，为保证流域水质健康可执行相应的污染物减排措施；当 $\Delta E_c < 0$ 时，控制单元环境容量现状已经超过目标环境容量，水质恶化，应及时执行污染物减排措施，保证流域水质恢复健康正常水平，维持流域水质稳定达标。控制单元环境容量是否需要减排，结果显示滦河流域控制单元总氮指标所有断面基本在每个月份均会出现超标现象；化学需氧量、总氮、总磷指标除化学需氧量及总磷个别断面个别月份超标外，其余指标环境容量均富余。2019 年 COD 指标超标情况为：偏桥子大桥控制断面在 3 月、7 月 COD 分别超标 3 563.14 t/a、711.59 t/a；郭家屯控制断面 COD 在 4 月超标 5 481.91 t/a；李台控制断面 COD 在 6 月超标 365.45 t/a；唐三营控制断面 COD 在 7 月超标 371.52 t/a；三块石控制断

面 COD 在 11 月超标 467.42 t/a。2019 年总磷指标超标情况为：唐三营控制断面在 7 月总磷超标 0.74 t/a。

3.3.3.3 控制单元达标方案设计

1. 基于 ET/EC 的排污定额管理思路

基于 ET/EC 的排污定额管理在滦河流域的开展，需紧密围绕流域耗水及供水的问题。由背景调研可知，滦河流域属于典型北方流域，流域主要依靠雨水补给，降水时空分配不均，空间分布特征为西北少、东南多，自上游至下游逐步递增，兴隆、宽城南部多年平均降水在 750 mm 以上，而丰宁四岔口乡及坝上地区年降水量仅在 400 mm 左右；时间分布特征为汛期少、非汛期多，全年降水量的 80% 集中在 6~9 月，而在农业大量需水的 4~5 月降水量较小，部分河道甚至出现断流。水资源年内分配的不均衡性给水资源利用带来困难，汛期洪水很难利用，枯季无水可用。

基于流域水环境特点，对流域进行基于 ET/EC 讨论应建立在流域不同水量供给的基础上。因此，在确定控制单元月环境容量的基础上，不同的 ET 对流域控制单元环境容量的影响在模型中的表达，以控制单元之间水资源变化对环境容量的影响变化为不同情景进行模拟，分别计算出控制单元 ET 变化后 EC 的变化。技术路线图如图 3-14 所示。

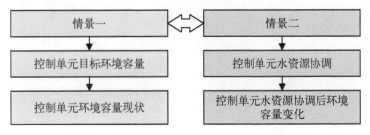

图 3-14 滦河流域基于 ET/EC 技术路线图

2. 流域环境容量减排措施

滦河流域经过多年治理，已经基本满足水质目标，根据承德市滦河流域 2019 年常规水质监测结果显示，22 个水质监测断面中，Ⅰ~Ⅲ类水质断面有 20 个，占全部断面的 90.9%；Ⅳ~Ⅴ类水质断面有 1 个，占全部断面的 4.55%；劣Ⅴ类断面有 1 个，占全部断面的 4.55%。滦河流域目前主要的污染由水土流失、污水处理厂污水处理设施能力低下、城镇农村生活污染以及流域生态恢复能力差等问题引起。针对滦河流域污水处理厂污水处理设施能力低下问题，结合流域环境实际情况以及承德市发展规划，制定污染负荷减排方案，并通过模型进行验证。

做好雨污分流并对污水处理厂进行提标改造,由于承德市污水处理厂目前主要参照《城镇污水处理厂污染物排放标准》(GB18918—2002)执行,流域上所有的污水处理厂基本满足《城镇污水处理厂污染物排放标准》(GB18918—2002)一级 A 标准。若要进一步对污水处理厂进行提标改造,以降低污水处理厂对流域水环境的污染负荷,建议参考《北京市污水处理厂污水排放标准》(DB11/890—2012)提升至一级 B 标准(见表 3 - 11),提升后各县级污水处理厂排放浓度修正见表 3 - 12。

表 3 - 11　北京市污水处理厂基本控制项目排放标准　　　　　（单位：mg/L）

序号	基本控制项目	A 标准	B 标准
1	化学需氧量(COD)	20	30
2	氨氮(以 N 计)	1	1.5
3	总氮(以 N 计)	10	15
4	总磷(以 N 计)	0.2	0.3

表 3 - 12　污水处理厂执行京标 B 标准修正数据

名　　称	流量(m³/s)	COD 浓度(mg/L)	氨氮浓度(mg/L)	总氮浓度(mg/L)	总磷浓度(mg/L)
市污水处理厂	0.89	18.20	1.50	7.20	0.30
市污水处理厂	0.54	12.40	0.30	4.60	0.18
清泉水务	0.38	29.62	1.50	12.87	0.38
柳源污水	0.04	15.41	0.55	11.66	0.30
清承水务	0.18	19.93	0.48	9.00	0.30
中冶水务	0.30	14.37	1.08	6.89	0.23
德龙污水二期	0.37	19.16	0.98	8.90	0.30
隆化污水二期	0.16	19.80	0.62	10.10	0.16
隆化污水一期	0.23	21.82	0.90	11.10	0.40
清源水务	0.24	25.64	1.01	15.00	0.30
碧水源	0.37	20.04	0.78	9.73	0.22
天橙污水	0.01	30.00	1.50	8.18	0.30
鑫汇污水	0.23	24.55	1.50	9.36	0.28
清泽水务	0.33	22.47	1.50	11.21	0.30

基于研究河段排放目标的排放要求,对研究河段污染物排放量较大的入河排污口各项研究指标进行提标改造。与流域沿岸其他类型入河排污口对比,污水处理厂入河排污口流量较大,且在雨期、非雨期排污口水质变化较大,所以将在雨期和非雨期对流域进行分别模拟,研究污水处理厂提标改造至不同标准,流域水质响应情况。

3. 流域水资源调蓄以及环境容量变化

(1) 控制单元水资源调蓄

以优先控制单元为例,进行水资源调蓄。根据河北省 2019 年水资源公报得出承德市地表水资源量以及土地面积,计算出每平方土地占的地表水资源量,根据控制单元面积计算出控制单元水资源量,对优先控制单元逐月水质达标情况进行对比,超标月份次数少的控制单元向次数多的控制单元进行水资源补充,水资源补充量参照"引滦入津"的水量进行不同等级补充。

水资源调蓄设计,将滦河干流郭家屯控制单元及滦河支流伊逊河李台控制单元水资源量向上板城大桥控制单元分别引入 0.3 亿 m³ 和 0.1 亿 m³ 水量,将水量平均至每日在模型中进行表达(见表 3-13)。

表 3-13 优先控制单元水资源量　　　　　　　　　　　　(单位:亿 m³)

控制单元名称	水质目标	汇水范围	地表水资源量
滦河干流郭家屯控制单元	月均值稳定达到地表水Ⅲ类标准	大滩镇、鱼儿山镇、草原乡、万胜永乡、四岔口乡、外沟门乡、苏家店乡、郭家屯镇、碱房乡(部分)	1.62
滦河干流上板城大桥控制单元	月均值稳定达到地表水Ⅲ类标准	付营子乡、长山峪镇、冯营子镇、大石庙镇、上板城镇(部分)	1.10
滦河支流伊逊河李台控制单元	月均值稳定达到地表水Ⅲ类标准	隆化镇、张三营镇、偏坡营满族乡、尹家营满族乡、汤头沟镇、山湾乡、红旗镇、小营满族乡	1.28

(2) 控制单元环境容量变化

通过对滦河流域优先控制单元水资源调蓄情景进行模拟,可得水资源调蓄后优先控制单元环境容量现状。控制单元水资源调蓄过后,上板城大桥控制单元污染物总量呈明显下降趋势,郭家屯控制断面及李台控制断面污染物总量较之前情况对比,污染浓度上升。由此可知,水资源量与控制单元污染物总量互相影响,水资源量上升,控制单元污染物总量呈下降趋势(见表 3-14~3-25)。

表 3-14 水资源调蓄情景下 2019 年 1 月环境容量

控制单元名称	COD(mg/L)	氨氮(mg/L)	TN(mg/L)	TP(mg/L)
滦河干流郭家屯控制单元	2 920.32	283.27	2 564.04	11.68
滦河干流上板城大桥控制单元	3 426.19	34.26	2 843.74	6.85
滦河支流伊逊河李台控制单元	852.77	4.87	1 029.41	0.85

表 3 - 15　水资源调蓄情景下 2019 年 2 月环境容量

控制单元名称	COD(mg/L)	氨氮(mg/L)	TN(mg/L)	TP(mg/L)
滦河干流郭家屯控制单元	2 628.29	286.19	2 423.87	37.96
滦河干流上板城大桥控制单元	7 195.00	89.08	2 569.64	20.56
滦河支流伊逊河李台控制单元	974.59	102.33	863.73	0.61

表 3 - 16　水资源调蓄情景下 2019 年 3 月环境容量

控制单元名称	COD(mg/L)	氨氮(mg/L)	TN(mg/L)	TP(mg/L)
滦河干流郭家屯控制单元	2 044.22	146.02	2 312.89	14.60
滦河干流上板城大桥控制单元	8 222.86	109.64	1 425.30	27.41
滦河支流伊逊河李台控制单元	1 096.42	69.44	785.76	4.87

表 3 - 17　水资源调蓄情景下 2019 年 4 月环境容量

控制单元名称	COD(mg/L)	氨氮(mg/L)	TN(mg/L)	TP(mg/L)
滦河干流郭家屯控制单元	4 672.51	35.04	1 223.61	11.68
滦河干流上板城大桥控制单元	6 509.76	61.67	1 288.25	13.70
滦河支流伊逊河李台控制单元	974.59	2.44	612.77	4.87

表 3 - 18　水资源调蓄情景下 2019 年 5 月环境容量

控制单元名称	COD(mg/L)	氨氮(mg/L)	TN(mg/L)	TP(mg/L)
滦河干流郭家屯控制单元	2 482.27	5.84	1 153.53	11.68
滦河干流上板城大桥控制单元	8 908.10	47.97	808.58	27.41
滦河支流伊逊河李台控制单元	1 827.36	10.96	350.85	9.14

表 3 - 19　水资源调蓄情景下 2019 年 6 月环境容量

控制单元名称	COD(mg/L)	氨氮(mg/L)	TN(mg/L)	TP(mg/L)
滦河干流郭家屯控制单元	5 548.61	17.52	1 524.41	56.07
滦河干流上板城大桥控制单元	11 267.42	75.12	5 521.04	164.00
滦河支流伊逊河李台控制单元	2 436.48	6.09	712.67	31.19

表 3 - 20　水资源调蓄情景下 2019 年 7 月环境容量

控制单元名称	COD(mg/L)	氨氮(mg/L)	TN(mg/L)	TP(mg/L)
滦河干流郭家屯控制单元	10 805.18	8.76	1 933.25	70.09
滦河干流上板城大桥控制单元	10 293.35	54.49	605.49	66.60
滦河支流伊逊河李台控制单元	2 436.48	2.44	899.06	33.14

表 3-21　水资源调蓄情景下 2019 年 8 月环境容量

控制单元名称	COD(mg/L)	氨氮(mg/L)	TN(mg/L)	TP(mg/L)
滦河干流郭家屯控制单元	2 920.32	131.41	2 105.55	11.68
滦河干流上板城大桥控制单元	3 225.48	48.38	2 709.41	8.06
滦河支流伊逊河李台控制单元	2 071.01	13.40	506.79	12.18

表 3-22　水资源调蓄情景下 2019 年 9 月环境容量

控制单元名称	COD(mg/L)	氨氮(mg/L)	TN(mg/L)	TP(mg/L)
滦河干流郭家屯控制单元	2 628.29	90.53	2 756.78	11.68
滦河干流上板城大桥控制单元	5 686.85	79.62	1 398.96	17.06
滦河支流伊逊河李台控制单元	1 949.18	10.96	439.78	20.71

表 3-23　水资源调蓄情景下 2019 年 10 月环境容量

控制单元名称	COD(mg/L)	氨氮(mg/L)	TN(mg/L)	TP(mg/L)
滦河干流郭家屯控制单元	4 088.45	140.18	1 769.71	17.52
滦河干流上板城大桥控制单元	1 354.75	9.68	303.85	5.81
滦河支流伊逊河李台控制单元	609.12	7.31	328.92	7.31

表 3-24　水资源调蓄情景下 2019 年 11 月环境容量

控制单元名称	COD(mg/L)	氨氮(mg/L)	TN(mg/L)	TP(mg/L)
滦河干流郭家屯控制单元	4 672.51	181.06	1 956.61	14.60
滦河干流上板城大桥控制单元	6 167.15	82.23	1 082.68	27.41
滦河支流伊逊河李台控制单元	730.94	7.31	1 164.64	3.65

表 3-25　水资源调蓄情景下 2019 年 12 月环境容量

控制单元名称	COD(mg/L)	氨氮(mg/L)	TN(mg/L)	TP(mg/L)
滦河干流郭家屯控制单元	4 000.84	148.94	1 454.32	25.70
滦河干流上板城大桥控制单元	3 426.19	47.97	2 309.25	34.26
滦河支流伊逊河李台控制单元	730.94	3.65	752.87	3.65

4. 基于环境现状的控制单元环境容量核算

对比汛期非汛期环境容量可发现,汛期污染物污染总量比非汛期污染物总量高。汛期时,由于雨水冲刷,地表污染物经雨水携带进入流域水体中,造成面源污染,因此,汛期污染物总量比非汛期时污染物总量高。对此,建议可以加大蓄水设施建设,一方面可以提高非汛期的水资源供应不足的应对能力,另一方面也可以强化汛期流域内的防洪体系。同时,对河道及支流两侧的植被进行修复、实施河湖生态隔离带和沿河水源涵养林建设也可在一定程度上起到水土涵养,减少土质中营养物质大量流失的作用,这在一定程度上也可以降低水体环境中 TP 和 TN 等指标。另外,汛期时,滦河干流上板城大桥控制单元 COD、TP 指标超出目标环境容量 482.5 t/a、1.13 t/a,滦河支流伊逊河李台控制单元 TP 指标超出目标环境容量 3.2 t/a。汛期非汛期所有控制断面 TN 指标均超出目标环境容量,因为 TN 不参评,所以对于 TN 的超标现象在各大流域均有出现。上板城大桥 COD 指标超标,建议可通过控制污水处理厂点源污染物排放进行控制。因此,可将各控制单元污水处理厂污水处理设施能力低下问题纳入考虑范围,具体内容如下:做好雨污分流并对污水处理厂进行提标改造,由于承德市污水处理厂目前主要参照《城镇污水处理厂污染物排放标准》(GB18918—2002)执行,因此流域上所有的污水处理厂也均按此标准执行。进一步对污水处理厂进行提标改造,由于承德市污水处理厂目前主要参照执行的《城镇污水处理厂污染物排放标准》(GB18918—2002),因此所有基本满足《城镇污水处理厂污染物排放标准》(GB18918—2002)一级 A 标准的污水处理厂,建议参考《北京市污水处理厂污水排放标准》(DB11/890—2012)提升至一级 B 标准。

5. 基于目标 ET 的控制单元环境容量核算

(1) 基于目标 ET 的流域控制单元污染物总量

根据不同的目标 ET 情景,各流域控制单元污染物总量也不尽相同。目前,将目标 ET 分为以下两个情景:情景一,即郭家屯单元滦河干流入河量增加 0.02 亿 m^3,流量增加 0.63 m^3/s;情景二,即郭家屯单元滦河干流入河量增加 0.2 亿 m^3,流量增加 6.3 m^3/s,伊逊河唐三营入河量增加 0.015 亿 m^3,流量增加 0.47 m^3/s,伊逊河李台入河量增加 0.03 亿 m^3,流量增加 0.94 m^3/s。

在以情景一作为调蓄方案的条件下,郭家屯、偏桥子大桥、上板城大桥、大杖子(一)控制单元的各项污染物总量均有明显下降。其余控制单元的污染物总量没有发生变化,原因是情景一的调蓄方案影响干流,其余在支流上的各控制单元污染物总量不会变化。在以情景二作为调蓄方案的条件下,由于增加了数个调蓄位置,所以李台、唐三营控制单元的污染物总量也有了明显下降。

情景一的调蓄方案在汛期和非汛期都能发挥降低整体流域中各污染物总量的作用,但是降低幅度较小;而情景二的调蓄方案,对于偏桥子大桥、大杖子(一)、李台控制单元的各项污染物总量降低幅度巨大,最终使得整体流域中各污染物总量降低幅度非常明显,这一效果在汛期和非汛期都很明显,在减少污染物总量上情景二具有更好的效果。

（2）基于目标 ET 的流域控制单元的环境容量超标情况

与基于环境现状的减排结果相比，采用情景一这种较为简单的调蓄方法，确实让汛期与非汛期的各控制单元环境容量现状都有所改善，并且使上板城大桥控制单元的总磷环境容量现状降低到低于目标环境容量以下，对环境有改善作用。但未纳入参评的总氮的环境容量现状、汛期上板城大桥控制单元 COD 环境容量现状、汛期伊逊河李台控制单元总磷环境容量现状仍旧超过了目标环境容量，总体改善效果还可以进一步提高。

采用情景二的调蓄方法较为复杂，但是在经过调蓄之后，各控制单元环境容量现状改善较情景一更为显著，并且针对 COD、氨氮、总磷，所有原超过目标环境容量的控制单元在汛期与非汛期全部降低到未超标状态，并且原本所有控制单元均超标的总氮项目也明显改善，部分控制单元的总氮环境容量现状降低到了目标环境容量以下，水质总体改善效果明显强于情景一。

根据以上对比，可以注意到采用目标 ET 进行水资源调蓄相比基于环境现状的效果更好，对于改善环境容量、改善水质都具有一定的意义，且情景二的调蓄方案达到的效果明显好于情景一的方案。

6. 基于目标 ET 的管理方案

根据目标 ET 及给定的水量和流量，得出模拟环境容量结果，可知在情景一中，郭家屯单元滦河干流入河量增加 0.02 亿 m^3，流量增加 0.63 m^3/s 的条件下，除了总氮指标，滦河干流上板城大桥控制单元汛期 COD 指标依然超出 −301.04 t/a 以上，其他控制单元在汛期与非汛期指标均达标。总氮因不参评，在此不进行考虑。然而，只在流域上游区域进行水资源调蓄，并不能完全解决中下游污水处理厂下游控制单元汛期的水质问题。因此，建议增加其他区域进行水资源调蓄或者在承德市上板城污水处理厂投入使用的情况下，结合对上板桥控制单元内污水处理厂试行污水处理厂提标，并针对有机物质处理推进污水处理站及配套管网设施建设。

而在情景二中，郭家屯单元滦河干流入河量增加 0.2 亿 m^3，流量增加 6.3 m^3/s，伊逊河唐三营入河量增加 0.015 亿 m^3，流量增加 0.47 m^3/s，伊逊河李台入河量增加 0.03 亿 m^3，流量增加 0.94 m^3/s。在此条件下，各控制单元污染物指标除不参评的总氮外均达标且剩余比较大的环境容量，建议可对水资源调蓄量等进行相应调整。

3.3.4 政策建议

根据近年水文数据显示，滦河流域水资源总量呈衰减趋势，区域性水资源供需矛盾较为突出，承德市滦河流域人均水资源占有量少，严重缺水。总结水质数据，承德市滦河流域整体水质呈上升趋势，水环境质量逐步提高，滦河流域目前主要的污染问题来自水土流失、污水处理厂污水处理设施能力低下、城镇农村生活污染以及流域生态恢复能力差。报告结合国内外总量控制的环保和经济措施,借鉴国内外先进科学技术和理论研究方法,结合 ET 的改善潜力和 EC 的管理要求,对滦河子流域控制单元未来污染物总量控制目标等提出如下政策建议。

3.3.4.1　提高水资源利用效率

承德市是一个水资源相对匮乏的地区,短期水资源供应较为紧张,长期水资源储备不足。考虑到存在的主要水资源问题,承德市采取了多项相关措施,取得了一定的效果。结合承德市现存的水资源短板,提出以下建议:

1. 开源

滦河流域降水主要集中于汛期(6~9 月),但受气候的影响,其他季节水资源匮乏,以至目前水资源全年分配不均,导致汛期的洪水难以利用而枯水期严重缺水。因此,对于上游所属控制单元,如北部围场、丰宁地区的闪电河控制单元、阴河控制单元、滦河控制单元以及平泉市所属柳河控制单元可采取开源措施:① 从宏观来看,应系统性地对现有的水源地,包括水源地地理位置、水源地水质、水源地地质情况、周边情况等进行评价,去掉评价较差的水源地,并新增或建立 1、2 个备用水源地,以满足现有水量和预期水量之间的差距及在用水高峰期或突发事件下满足供水需求。② 滦河干流潘家口水库和大黑汀水库以及滦河支流的桃林口水库基本对大部分的流域汇水面积进行了有效控制,承德市双峰寺水库投入使用,也可以在一定程度上有效解决承德市区防洪能力不足的问题。但是,承德市依然存在水利基础设施薄弱,水资源调控能力不足,地表水控制率不高,小型的水利设施老化等问题。因此,应在原有的基础上继续推进水利薄弱环节建设。③ 进行水资源调蓄。根据模型模拟结果分析,水资源调蓄的思路主要是将超标月份次数少的控制单元向次数多的控制单元进行水资源补充,补充量参照"引滦入津"的水量。经过前期水文调查,郭家屯控制单元和李台控制单元水量相对较大,且有上游水源注入,结合模型模拟,建议将滦河干流郭家屯控制单元及滦河支流伊逊河李台控制单元水资源量分别向上板城大桥控制单元引入水量 0.3 亿 m³ 和 0.1 亿 m³。结果显示,水资源量的增加,可以使控制单元污染物总量呈现一定的下降趋势。

2. 节流

根据承德市用水结构分析,主要耗水为工业用水、生活用水和农业用水,其中农业用水占比达 70% 以上。为了减少传统灌溉方式造成的水资源浪费和土壤养分流失,承德市于 2015 年左右开始大力发展节水农业,"小农水"项目等为承德市高效水资源利用和较好解决旱地作物灌溉提供了新的思路与途径。从目前的形势看,完全依赖地下水开采和降水带来的水源进行灌溉的方式依然具有进一步发展的空间,而伊逊河、柳河、阴河控制单元的节水措施也待进一步的提高。因此,提出如下建议:① 承德地区近年来气候变化较为明显,异常气候频发,这给灌溉管理工作增添了不小的难度,尤其是在夏季阶段,气温偏高,降水又主要以分布不均的雷阵雨为主,易出现持续的高温、阶段性干旱与局地洪涝等极端天气,进而使得水稻种植田间出现严重的缺水或者积水问题。因此,在农业用水方面首要的工作任务便是完善节水灌溉体系,使节水灌溉系统能够充分发挥其作用。同时,应尽快完善农田排水系统,可以较好地对雨水进行收集,同时也可以减少因雨水积留造成土壤肥力流失等问题。② 承德地区目前采取的农业节水灌溉主要是喷灌为主、管灌为辅,据研究调查表明,相较于喷灌,滴灌不破坏表土的结构,不会产生地表经流,可以大大地减少棵间蒸发量,是一种最节水的灌溉技术,一般比地面灌省水 30%～50%,比喷灌省水 15%～25%。因此,可以在现有的基础上,继续推进更加节水的灌溉方式。建议节水灌溉实施最早的滦平、承德县结合作物种植结构继续推广滴灌和微灌等方式;对平泉和宽城未完成节水型社会构建的管辖区继续开展完善节水工作;围场、丰宁、隆化和兴隆县需要完善节水设备构建以及农田排水设施。③ 承德市污水处理厂处理之后的再生水往往直接排入水体或是转卖给其他的用水单位,直接用于农业灌溉的并不多。一般而言,污水处理厂处理后的出水中 COD、BOD 等含量较高,通过农业灌溉,既可以缓解农业用水不足的问题,也可以通过农田生态系统的净化作用对水体进行进一步处理。

3.3.4.2　继续推进水环境治理

1. 缓解流域水土流失

由于滦河流域内山高坡陡、汛期暴雨强度大、土壤抗蚀性差,加上人为过度开发,流域水土流失和土地沙漠化日趋加重,局部地区出现恶化趋势。主要表现在坝上地区"三化"(草场退化、土地沙化和碱化)加重,流域内土壤肥力下降且水土流失除会导致洪涝灾害等自然灾害等问题外,容易向地表水中输入过量的氮、磷化合物,引起总氮、总磷的指标超标,此类问题以滦河控制单元及伊逊河控制单元较为显见,在瀑河及阴河控制单元也有发展势头。基于此,本研究提出以下建议:

多年来,滦河流域的水土流失治理一直以小流域为单元开展综合治理,注重植物、工程、水利、耕作 4 大措施的有机结合,按照坝上高原区、土石山地、石质山区不同类型区土壤侵蚀特点及强度确定工程的布局和措施。其中,坝上高原区主要采取围栏种草、养草,退耕还林、还草,封山育林养草,人工造林等生物治理措施,并结合水资源开发,节水灌溉;坝下土石山地主要是以小流域为单元,进行山、水、田、林、路、沙综合治理,并把治理与当地农民的生产生活需要密切结合起来,宜林则林,宜果则果,宜草则草,宜封则封;南部石质山区,降水量大,适宜植物生长,土地生产率高,注重开发性治理。应继续坚持过往长期治理的成功经验,同时也采取一些预防汛期强降雨造成沙化土地的泥沙被冲入水体的措施。如:① 对河道进行清淤并修复河道生态,设置挡水拦砂生态过滤设施,开展河岸生态防护;② 对河道及支流两侧的植被进行修复,降低坡面径流量及径流速度;③ 加快划定河湖缓冲带,实施河湖生态隔离带和沿河水源涵养林建设,严格河湖岸线空间管控。

目前承德市关于水土流失的措施主要实施于围场满族蒙古族自治县,而滦河流域的水土流失表现明显的地区主要集中在承德市中南部地区,水土流失也成了滦河流域中下游的总磷非点源污染中的主要来源,占比达到了 74.2%。为了从源头和问题河段缓解水土流失的负面影响,研究认为,应当从以下几个方面来治理水土流失、防止河流污染:① 上下游统筹规划,将短期处理的目光投入中下游问题河段,将长期治理的观念投入到水土流失的源头。② 下游水量大,应规划河流走向,河流两岸修建护坡坝、挡水墙。上游水量小,但也需要修建蓄水截沙的小水库、塘坝,淤沙造地,以减少汛期泥沙冲击对下游的影响。③ 在坝上和风沙严重的地区,要调整种植结构,减少或不种土豆,改种燕麦、油菜等护沙保地的农作物。有条件的地方种植土豆,收获后立即灌溉,压住土豆产地的浮土,保护土质。坝上地区和坝下风沙地带,所有耕地减少秋翻,保护土地地表的固化不被破坏,防止沙化和沙尘暴,防止水土流失。调整农业种植结构,必然给农民带来一定的经济损失,在短时期内必然要减少一定的收入,国家应在一定时期内给予一定的补贴。④ 规划放牧时间,轮流放牧,提倡圈养。

2. 污水处理厂提标改造

根据现状分析,大杖子(一)、李台、偏桥子大桥、党坝、唐三营、26♯大桥、上板城大桥、大桑园所属控制单元的主要点源污染皆来源于控制单元区域内各自的污水处理厂的排污。目前承德市实际污水处理量仅占设计处理能力的 45%,且部分污水处理厂存在雨污不分流、管网老化等问题,致使发生污水泄漏,污染地表和地下水质。针对滦河流域污水处理厂污水处理设施能力低下问题,结合流域环境实际情况以及承德市发展规划,提出以下建议:

根据模型模拟结果,建议做好雨污分流并对污水处理厂进行提标改造,降低污水处理厂对流域水环境的污染负荷,建议参考《北京市污水处理厂污水排放标准》(DB11/890—2012)提升至一级 B 标准。结合滦河流域现状分析,对于未达国标一级 A 水质标准的建议按原标准实施,已达的则提标至《北京市污水处理厂污水排放标准》(DB11/890—2012)一级 B 标准。

城镇污水管网建设滞后、污水处理厂运行负荷率不高是污染防治的重点问题。对此,加快污水配套管网完善和污水处理系统管理尤为重要。加强基础设施建设力度,实施污水管网建设全覆盖。

县级污水处理厂经提标改造后,污水经过的控制断面的污染物总量均有不同程度的降低,但是农村生活污水的分散式特点导致处理难度较大,目前居民部分生活污水仍然直接排放入河中。因此,在对县级污水处理厂进行提标改造的同时,也应该结合生态保护措施以及其他的政策对其他来源污水进行管制和安排。

建议提高县级污水处理厂污水回用比例。目前承德市各污水处理厂污水回用率较低,结合承德市山区城市地形特点、流域特点、排水分区,按照《承德市海绵城市专项规划(2016～2030 年)》,建议污水再生利用率可以提高到 60% 左右。具体数据如表 3-26所示。

表 3-26　承德市污水处理厂污水年回用量建议表

污水处理厂	流量(m^3/s)	年流量(m^3/a)	污水回用量(m^3/a)
市污水处理厂	0.89	28 067 040	16 840 224
市污水处理厂	0.54	17 029 440	10 217 664
清泉水务	0.38	11 983 680	7 190 208
柳源污水	0.04	1 261 440	756 864
清承水务	0.18	5 676 480	3 405 888
中冶水务	0.3	9 460 800	5 676 480
德龙污水二期	0.37	11 668 320	7 000 992
隆化污水二期	0.16	5 045 760	3 027 456
隆化污水一期	0.23	7 253 280	4 351 968
清源水务	0.24	7 568 640	4 541 184
碧水源	0.37	11 668 320	7 000 992
天橙污水	0.01	315 360	189 216
鑫汇污水	0.23	7 253 280	4 351 968
清泽水务	0.33	10 406 880	6 244 128

3. 非点源污染管理

断面监测数据显示,滦河流域所有断面控制单元总氮指标基本在每个月份均会出现超标现象,而化学需氧量、总氮、总磷指标除化学需氧量及总磷个别断面、个别月份超标外,其余指标环境容量均富余。除了水土流失和污水处理厂的污染物贡献之外,农业面源污染对滦河流域的影响极大。

根据滦河流域现状分析,农业面源污染仍较为严重,2019 年因农田径流向环境排放的总氮和氨氮占比极高。与此同时,流域内化肥和农药的利用率不高,这也是造成农业面源污染的原因之一。因此,对于农业面源的管控,应该从农田入手,因地制宜地采取不同的灌溉技术,积极发展节水农业,继续推广水肥一体化的模式,减少农田养分流失。同时,针对部分土地类型,也可适当调整种植结构,以提高农业生产效率。

3.3.4.3 着手生态修复

滦河流域主要河流生态系统脆弱,也是目前重点河流水质不能稳定达标的原因之一。承德市部分主要河流断流情况时有发生,阴河及瀑河控制单元的瀑河、阴河上游地区每年近一半时间断流,流域植被退化、涵养能力降低。而目前承德市实施的水生态修复项目包括了风沙治理和流域生态修复,流域修复则主要针对围场县的小滦河和伊逊河。因此,建议后续项目的实施可以将围场县的阴河以及平泉市的瀑河纳入考虑的范围。

3.3.5 结论

本研究以持续改善承德市滦河水质、确保滦河水生态环境能够永续发展为主要目标,以滦河流域为目标区域,对流域内进行了控制单元的划分与优先控制单元的提取,利用实地调查、历史资料查询等方式对控制单元的水环境现状进行了分析与讨论,并构建了承德市滦河流域水质响应模型,对流域控制单元环境容量减排情况以及控制单元水资源调蓄对 EC 的影响进行模拟、分析与评估。最终基于以上内容,从控制单元环境容量减排角度,对流域污染源和水资源的工程和非工程措施进行综合评价,结合国内外总量控制的环保与经济政策,从污染物总量控制、考核、监测等体系建设方面,对承德市滦河流域控制单元未来水污染物总量控制目标、考核指标设置等提出具体的政策建议。

在滦河流域历史水质与流量调查的基础上,根据实地调查的情况,使用《承德市滦河流域水污染防治规划(2012~2020 年)》等研究中的 ET、EC 计算结果,建立了基于 MIKE 11 的模型,核算出各优先控制单元内的水环境容量,并利用这一数据计算出各优先控制单元的减排要求,以便进一步针对具体情况提出各优先控制单元水环境持续改善和综合管理方案。在得出水环境容量的基础上,根据滦河流域的过往水质问题、已经设置的水质优化项目、具体的减排要求,提出对滦河流域应进行精细化治理,针对不同的控制单元内的不同问题应当采用有针对性的政策方案来予以治理。精细化管理应当以"分区分级防治、分步分类实施"为基本思路,坚持"洁水"与"节水"两手发力,水质与水量统筹兼顾,构建"控源减污、开源增容、防治风险"的防治格局。主要应当注意建立流域水污染防治分区体系、强化污染减排及生态基流保障措施、加强生态恢复力度,以全方面节水、增加下泄流量的方式来改善流域水环境。

以上研究为承德市基于 ET、EC、ES 的水资源水环境水生态综合管理规划(IWEMP)研究编制与实施提供了决策依据,提高了流域水污染防治效果的有效性。以上研究成果使工作人员能够在治理过程中突出重点,针对优先单元的水环境问题集中力量率先突破解决。以上研究成果在经济上的作用体现在可以促进水污染物削减、提高"十三五"期间水污染治理投入的实效、水体质量改善、城市水循环系统科学化、节水和污水资源化、饮用水安全,改善了当地的生态环境,也有利于保障人民群众生活环境的提升,同时也促进国家主要水污染物总量控制指标的完成,解决了水污染控制与治理面临的紧迫难题,形成了水环境保护的科学管理体制。上述研究的内容能够为承德市滦河流域的水容量控制、水生态修复,提供科学可靠的依据和支撑,有利于制定更为科学合理的政策方案。

3.4 基于遥感技术的面源污染空间管控方法的开发和应用示范[*]

3.4.1 研究背景和研究意义

依据 GEF 主流化项目要求,在承德市应用水资源与水环境综合管理方法,本研究以滦河流域为示范区,进行非点源污染示范研究。滦河是京津冀地区的重要水源地之一,自 20 世纪 80 年代初引滦入津入唐工程投入运行以来,已累计向天津市、唐山市、秦皇岛市等城市及滦河下游地区供水 300 多亿 m^3,产生了巨大的社会、经济和生态、环境效益。滦河流域不仅是京津冀地区的重要水源地之一,也是京津冀都市圈最前沿的生态环境屏障,然而随着用水量的增加,废水排放量也相应增加,承德市滦河流域水环境总体上呈恶化趋势,水污染引起的"水质型缺水",加剧了水资源的短缺,使得人们用水紧张和用水不安全。大量污水未经处理直接排入河道,加上化肥、农药大量使用,导致河流、水库水环境污染加剧。因此,在承德市滦河流域开展非点源污染研究具有重要的社会意义。

3.4.2 研究主要内容

以承德市滦河流域作为基于遥感的非点源污染技术方法应用示范区,结合承德市遥感影像和野外调研情况构建非点源污染数据库,通过模型工具对承德示范流域的农田源、畜禽源、农村生活源和城镇生活源及水土流失源 5 个污染源类型,总氮、总磷、氨氮和化学需氧量 4 个污染指标的污染负荷和总量及非点源污染空间分布特征等因子进行识别和分析,识别污染敏感区,判别污染源汇关系。基于非点源污染遥感评估集成模型,分析典型区多类型、多指标非点源污染特征,明确非点源污染量和非点源污染空间分布特征,分

---

[*] 由张建辉、王雪蕾、冯爱萍、吴传庆、郝新、陈静、孙文博执笔。

析非点源污染控制因子,结合示范区地面监测结果,开展承德市滦河流域基于遥感技术的非点源污染综合评估。基于模型分析结果和示范区现状,从行政手段、法律手段、经济手段、科技手段等方面,提出具有可操作性的非点源污染综合管理和控制的措施和建议。

3.4.3 技术方法

本研究基于遥感数据、降雨数据、DEM 数据以及农业统计信息数据,通过遥感分布式非点源污染模型 DPeRS 对示范区 TN、TP、$NH_4^+ - N$ 和 COD_{Cr} 非点源污染排放负荷和入河负荷空间分布特征进行综合评估。结合非点源污染入河负荷空间分布特征综合评估的结果,拟选取 1 个典型子流域开展遥感监测、地面监测和空间结果验证的示范研究。最后基于非点源污染的空间分布特征分析结果和示范区野外调研成果,明确重点控制区非点源污染量和非点源污染空间分布特征及非点源污染控制因子,提出具有可操作性的非点源污染综合管理和控制的措施和建议,为承德市滦河流域非点源污染控制及地表水质管理提供参考。

3.4.4 核心结论和主要成果

1. 数据库构建

构建 2019 年承德市滦河流域非点源污染模拟数据库,采用 DPeRS 模型对承德市滦河流域非点源污染量进行空间核算。带入模型的输入数据包括承德市滦河流域土地利用、月植被覆盖度、月降水量、坡度坡长、土壤类型、土壤氮磷含量等,具体是采用 30 m 分辨率的 Landsat - 8/OLI 数据、10 m 分辨率的 Sentinel - 2A/2B 数据等多源卫星数据进行承德市滦河流域土地利用提取和月植被覆盖度反演,主要空间数据见图 3 - 15。

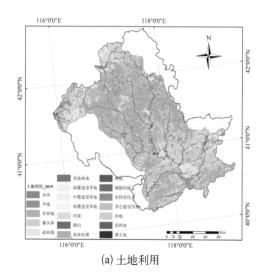

(a) 土地利用

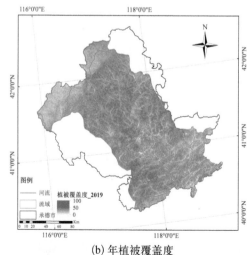

(b) 年植被覆盖度

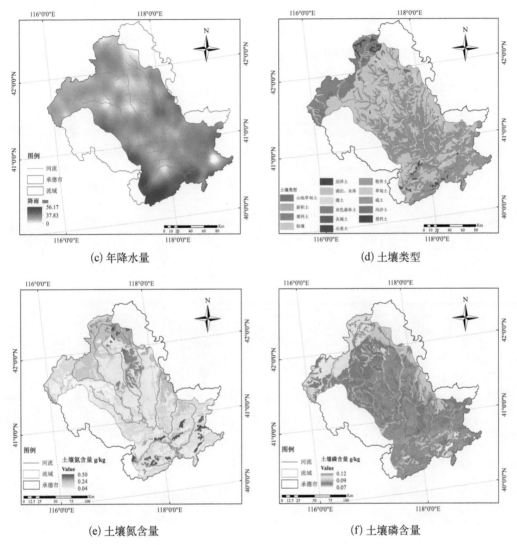

(c) 年降水量　　　　　　　　　　　　　　　(d) 土壤类型

(e) 土壤氮含量　　　　　　　　　　　　　　(f) 土壤磷含量

图 3－15　承德市滦河流域主要空间数据

2. 模型模拟结果

采用非点源污染遥感监测评估模型对承德市滦河流域农田径流型、农村生活型、畜禽养殖型、城镇径流型和水土流失型 5 种类型 TN、TP、NH$_4^+$ － N 和 COD$_{Cr}$ 非点源污染负荷进行空间估算。空间分布上,承德市滦河流域中部和南部地区非点源污染负荷相对较高,TN 和 NH$_4^+$ － N 非点源污染高负荷区主要分布在耕地上(见图 3－16);农田径流是承德市滦河流域最主要的氮型(TN 和 NH$_4^+$ － N)非点源污染源,TP 非点源污染源主要为农田径流和水土流失,畜禽养殖是 COD$_{Cr}$ 指标首要的污染类型。承德市滦河流域 5 种类型非点源污染排放量统计信息详见表 3－27。

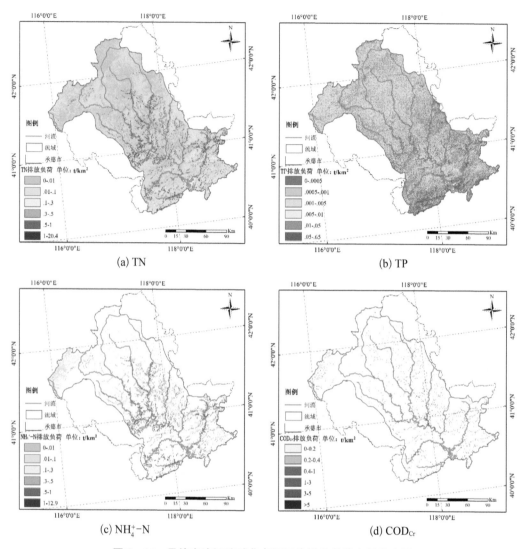

(a) TN

(b) TP

(c) NH$_4^+$-N

(d) COD$_{Cr}$

图 3 - 16　承德市滦河流域非点源污染排放负荷空间分布图

表 3 - 27　承德市滦河流域非点源污染排放量统计结果（DPeRS 模型）

类　型	TN		TP		NH$_4^+$ - N		COD$_{Cr}$	
	排放负荷 （kg/km²）	总量 （t）	排放负荷 （kg/km²）	总量 （t）	排放负荷 （kg/km²）	总量 （t）	排放负荷 （kg/km²）	总量 （t）
农田径流型	98.75	2 882.6	3.97	115.7	61.25	1 788.1	—	—
畜禽养殖型	0.09	2.7	0.25	7.4	0.02	0.6	49.59	1 447.7
农村生活型	0.05	1.5	0.16	4.8	0.05	1.5	1.57	45.8
城镇径流型	0.05	1.4	0.06	1.8	0.06	1.8	1.31	38.2
水土流失型	25.34	739.6	10.18	297.1	—	—	—	—
类型汇总	122.14	3 565.5	13.71	400.3	61.39	1 792.0	52.47	1 531.6

　　基于承德市滦河流域 2019 年总氮和总磷非点源污染排放负荷结果,结合当年承德市滦河流域空间入河系数,估算了 2019 年承德市滦河流域非点源污染入河负荷。与排放负荷相比,承德市滦河流域入河负荷相对较小,这与该流域水资源量少有密切关系,流域非点源污染入河负荷空间分布见图 3 - 17。承德市滦河流域 5 种类型非点源污染入河量统计信息详见表 3 - 28。

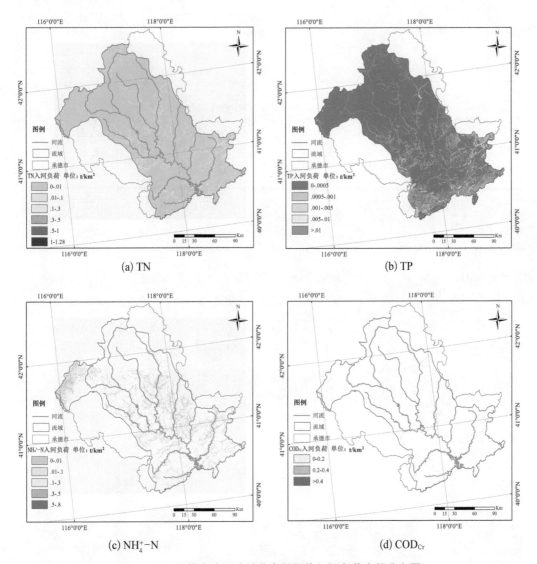

(a) TN (b) TP (c) NH$_4^+$-N (d) COD$_{Cr}$

图 3 - 17　承德市滦河流域非点源污染入河负荷空间分布图

　　基于承德市滦河流域非点源污染排放负荷和入河量结果,对承德市滦河流域划定的19 个控制单元进行非点源污染优先控制单元筛选与分析,TN、TP、NH$_4^+$ - N 和 COD$_{Cr}$非点源污染优先控制单元统计详见表 3 - 29。空间分布上,承德市滦河流域非点源污染优控

表 3–28 承德市滦河流域非点源污染入河量统计结果（DPeRS 模型）

类　型	TN		TP		$NH_4^+ - N$		COD_{Cr}	
	入河负荷 (kg/km^2)	总量 (t)	入河负荷 (kg/km^2)	总量 (t)	入河负荷 (kg/km^2)	总量 (t)	入河负荷 (kg/km^2)	总量 (t)
农田径流型	3.820	111.49	0.144	4.19	2.405	70.20	—	—
畜禽养殖型	0.003	0.09	0.008	0.24	0.001	0.02	1.613	47.09
农村生活型	0.002	0.06	0.006	0.19	0.002	0.06	0.062	1.80
城镇径流型	0.001	0.03	0.001	0.04	0.001	0.03	0.031	0.90
水土流失型	0.303	8.83	0.119	3.49	—	—	—	—
类型汇总	4.13	120.5	0.28	8.2	2.41	70.3	1.71	49.8

表 3–29 非点源污染优先控制单元筛选信息统计表

指　标	非点源污染优控单元个数			非点源污染优控面积占比(%)
	Ⅰ类	Ⅱ类源头	Ⅱ类入河过程	
TN	3	12	0	68.5
TP	4	15	0	100.0
$NH_4^+ - N$	3	10	0	65.4
COD_{Cr}	0	0	0	0

指标主要为氮磷型，且总磷指标为整个区域需防控的非点源污染指标，Ⅰ类优先控制单元主要分布在示范区西南部和东南部的部分地区（见图 3–18）。针对不同非点源污染控制单元，结合土地利用方式和主要污染类型，因地制宜制定非点源污染控制措施，对于源头、入河过程Ⅰ类优先控制单元，应从源头治理和过程控制两方面共同着手控制非点源污染；对于源头Ⅱ类优先控制单元，应采取非工程性措施从源头控制非点源污染。

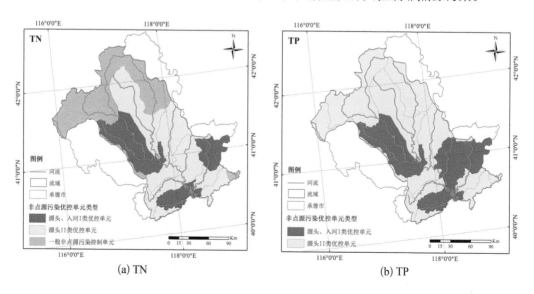

(a) TN　　　　　　　　　　　　　　　　　(b) TP

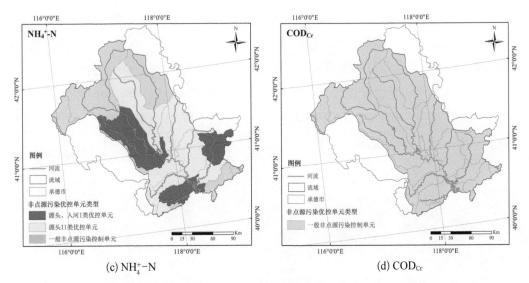

(c) NH$_4^+$-N　　　　　　　　　　　(d) COD$_{Cr}$

图3-18　承德市滦河流域非点源污染优先控制单元空间分布图

3.4.5　主要创新点

本研究利用我国非点源污染的现状和遥感技术优势,以DPeRS模型为基础研究工具,以承德市滦河流域为研究区,构建承德市滦河流域示范区基于遥感信息的非点源污染空间数据库。将空间遥感数据与地面监测数据相结合,对流域非点源污染的污染负荷和总量及非点源污染空间分布特征等因子进行识别和分析,实现了非点源污染空间分布特征和流失风险关键源区的快速识别,为流域水环境管理政策的制定提供可靠依据。

3.5　工业园区开展基于耗水(ET)的水会计与水审计示范[*]

3.5.1　项目背景

本项目根据河北省承德市相关工业园区的发展现状、水资源利用特征、污染物排放特点,工业园区取水、输水、配水、用水、渗漏、蒸发、消耗、排放、处理、再利用等全过程水量监测及工业园区水质监测等数据,探索构建工业园区层面水平衡模型。通过河北省承德市相关工业园区实地调研与理论测算,形成工业园区水资源台账,以耗水(ET)、环境容量(EC)、生态系统服务(ES)为目标,构建科学化、规范化的水审计评价指标体系。对

---

[*]　由王玉蓉、张欣莉、李林源、何文涛、李宣瑾、田雨桐、孙文博、刘晶晶、张萌、周强执笔。

河北省承德市相关工业园区进行系统的耗水审计评估,识别诊断园区在取水、用水、退(排)水全过程中存在的问题,识别现有政策标准、管理体制存在的缺陷不足。从政策、管理、技术角度提出综合管理耗水与水环境容量的改进建议与对策,提出可操作的工业园区水资源与水环境综合管理措施和建议。进行流域和区域水资源与水环境综合管理主流化模式的应用推广和"水十条"贯彻实施效果的评估工作,以供流域管理单位和受益项目区有关部门参考,有利于进一步扩大 GEF 主流化项目的影响力。

3.5.2　项目研究内容与技术路线

3.5.2.1　研究内容

1. 开展示范工业园区水资源利用调查

借鉴物质流分析的方法思路,按照水的流动环节,对选取的承德市示范工业园区开展实地调研和现场监测,同时收集整理国家、河北省、承德市有关水资源、水污染防治的政策体系(法律、法规、规章、标准等)和管理体系,形成承德市示范工业园区水资源使用数据库。

2. 构建基于耗水的水平衡模型

基于物质平衡模型理论,在耗水目标和环境目标约束下,结合工业园区用水特征,构建涵盖取水、输水、配水、用水、渗漏、蒸发、消耗等用水全过程的园区层面水平衡模型,并结合重点用水企业,构建示范工业企业水平衡模型,为会计与审计示范奠定方法学基础。

3. 工业园区层面用水审计指标体系构建

以耗水(ET)、环境容量(EC)、生态系统服务(ES)为目标,基于水资源用水总量控制、用水效率提高和水功能区限制纳污总量 3 条红线,参考水利部《用水审计技术导则(SL/Z 549—2012)》,建立工业园区层面水资源使用台账,构建园区层面水审计指标评价体系。

4. 承德市示范工业园区水会计与水审计评估

通过构建的园区层面水平衡模型和水审计评价指标体系,结合现场调研数据,运用层次分析法、熵权法、组合评价法,对示范园区开展系统的耗水审计评估,识别园区在取水、用水、退(排)水全过程中存在的问题,识别现有政策标准、管理体制存在的缺陷不足。

5. 改进建议与对策

基于示范园区审计评估的结果,从政策、管理、技术角度提出综合管理耗水与水环境容量的改进建议与对策。在分析我国水资源管理与水污染防治相关政策法规标准基础上,结合我国工业园区水资源利用特征,从法律、行政、经济、科技、宣教等方面提出可操作的工业园区水资源与水环境综合管理措施和建议。

3.5.2.2　技术路线

前期通过资料收集、文献查找和实地调研,形成工作实施方案。中期以水平衡量化水资源在工业园区内的流动和分布,计算现状 ET 和节水空间。以水会计核算水资产和水负债,优化园区水量调配。以五维水审计指标分析法,评估工业园区水资源利用水平。最终,经过专家审查形成工业园区基于 ET 的水会计与水审计示范报告。技术路线图见图 3-33。

3.5.3　水平衡水会计水审计集成的"三水"综合技术方法体系

3.5.3.1　概念

(1)水平衡:基于物质平衡原理,对确定用水单元,依据输入水量与输出水量之差为储水量变化这种平衡关系量化分析各类水的流动和数量。

(2)水会计:通常以水量为计量单位,以水量流动和存量变化为主要研究对象,借助经济学、会计学、自然资源学等理论,向企业管理者提供水资源供应信息、水资源流向。

(3)水审计:依据用水主体的水量信息,从经济、社会、生态环境等多维度,借助定向和定量指标综合评价用水主体水资源管理和利用水平。

(4)三者关系:互为支撑,水平衡是基础,提供数据支撑;水会计以水平衡结果为依托,着重体现用水主体储水量变动以及整体水量输入输出变化,以水资产负债指标优化园区内部各子系统之间水资源调配;水审计依据水平衡及水会计数据结果,全面评估用水主体水资源管理水平、节水技术、环境影响等。

3.5.3.2　技术方法体系

基于水资源、水环境、水生态的 3E 理念,从目标、原则、模型、流程、技术 5 个方面形成了一套水平衡-水会计-水审计集成的"三水"综合技术方法体系。该体系主要包括:①多层级多节点水平衡网络化模型技术;②水会计核算技术;③五维水审计评价技术;④数据链标准化技术。

1.多层级多节点水平衡网络化模型技术

基于物质平衡模型理论,在耗水目标和环境目标约束下,结合工业园区生产工艺流程和用水特征,构建涵盖取水、输水、配水、用水、渗漏、蒸发、消耗等用水全过程的多层级、多节点水平衡网络化模型。多层级是指将工业园区划分为 4 个级别测试单元,根据不同层面、不同级别建立水平衡模型,开展相关水平衡计算。多节点是指每个单元内部划分多个用水节点,根据计算节点水平衡计算模型详细计算并分析节点单元的用水情况。

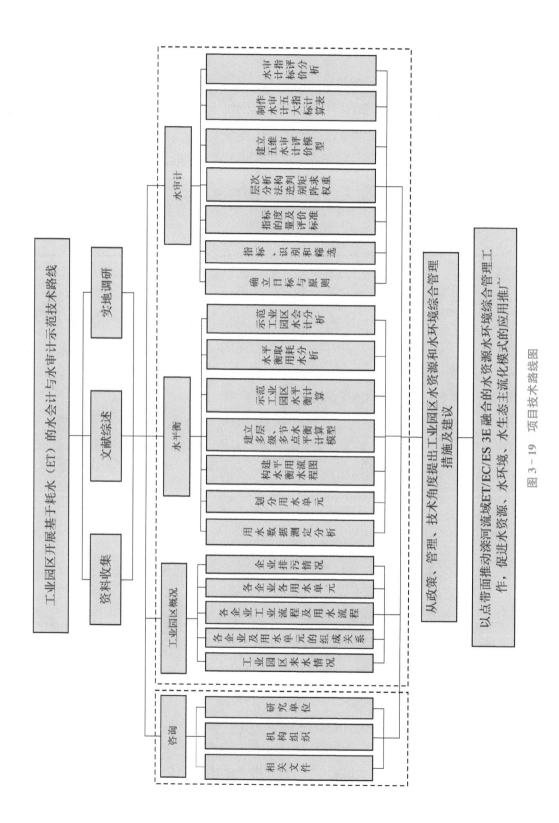

图 3 - 19 项目技术路线图

利用节点数据由低层级向高层级逐级推进,开展水平衡计算。根据计算节点水平衡结果分析节点单元的用水及耗水情况,实现单一用水单元和任意用水单元组合取水、用水、耗水的精细量化,从取水结构和耗水结构两个角度计算园区潜在节水空间,推进精细化水资源管理。其数据流传递关系见图 3-20。

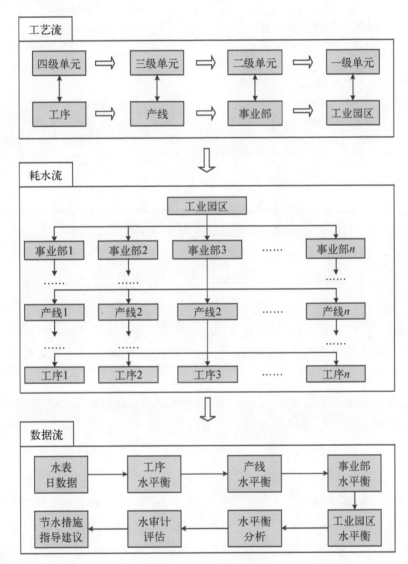

图 3-20　数据流传递图

2. 水会计核算技术

基于水平衡计算结果,建立以工业园区为主体的水会计核算方法,计算一个核算周期内企业新水、中水、软水、耗水、排水等水量的变化,进而得到企业水资产、水负债、水资产变动、水负债变动和净水资产 5 个水会计核算要素,构建由水量表、水资产与水负债

表、水资产与水负债变动表 3 大报表组成的水会计报表体系(见表 3 - 30)。提高水管理决策者优化水资源调配的水平。

表 3 - 30　水会计核算报表体系

水会计报表	定　义	性　质	会计基础	水会计等式
水量表	反映在会计期间水会计主体的水量变动的性质和数量	动态报表	收付实现制	水量流入－水量流出＝净水量变化
水资产与水负债表	反映水会计主体在某一时点的水资产和水负债的性质和数量	静态报表	权责发生制	水资产－水负债＝净水资产
水资产与水负债变动表	反映在会计期间水会计主体的净水资产数量和性质的变动	动态报表	权责发生制	水资产增加＋水负债减少－水资产减少－水负债增加＝净水资产变动

3. 五维水审计评价技术

基于系统性、独立性、一致性、动态性、可操作性 5 大原则,以水资源-水环境-水生态的 3E 综合管理为目标,结合工业园区耗水的全寿命周期和多层级多节点的用水特征,形成了合规性、生态环境性、经济性、社会性、技术性五大维度、25 项指标的水审计指标体系。建立评价标准,开展数据量化及水审计评估,识别园区在取水、用水、退(排)水全过程中存在的问题,识别现有政策标准、管理体制存在的缺陷不足,判断现行水资源管理的优劣势,改进并完善节水管理工作。构建的水审计指标体系见图 3 - 21。

水审计指标体系中指标量化、等级确定、权重确定、综合评分等逻辑关系见图 3 - 22。

4. 数据链标准化技术

深入分析工业园区工艺流、耗水流和数据流传递关系,构建水平衡-水会计-水审计"三水"综合技术方法体系,形成物质流到数据流到评价指标的数据链标准化技术。从法律、行政、经济、科技、宣教等方面提出可操作的工业园区水资源与水环境综合管理措施和建议。其全过程标准化流程见图 3 - 23。

准备阶段:课题组查阅相关文献资料,结合厂区的调研,形成水会计与水审计编制方案。

实施阶段:实地考察示范工业园区生产工艺、部门组成,划分用水单元;构建多层级多节点水平衡网络化模型;整理基础数据,进行水平衡计算;分析计算结果,优化水平衡计算模型;编制审计方案,确立审计目标与原则、构建指标体系、建立评价标准,随后根据厂区数据进行指标量化计算;根据计算的过程和结果,考虑对部分指标进行调整。

分析阶段:绘制示范工业园区水平衡图;根据水平衡计算结果,分析承德钢铁厂取用水数据,挖掘的用水薄弱点和节水潜力,绘制水会计 3 大报表;开展五维水审计指标评价,结合指标评估结果和权重,对比分析工业园区存在的优劣势。

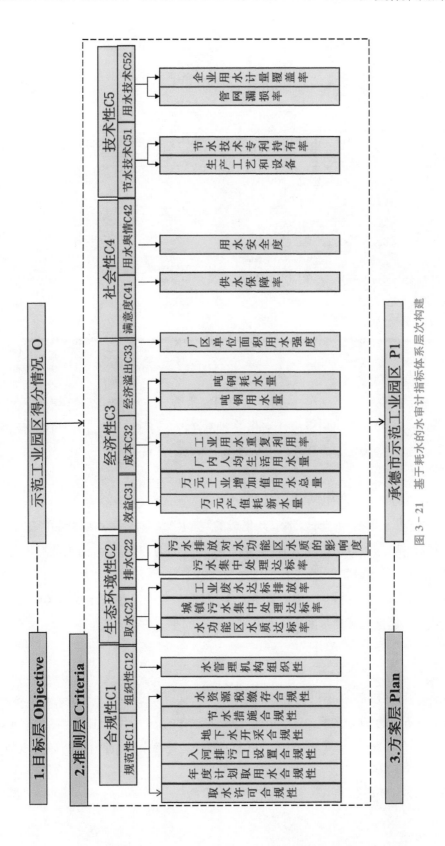

图 3 - 21 基于耗水的水审计指标体系层次构建

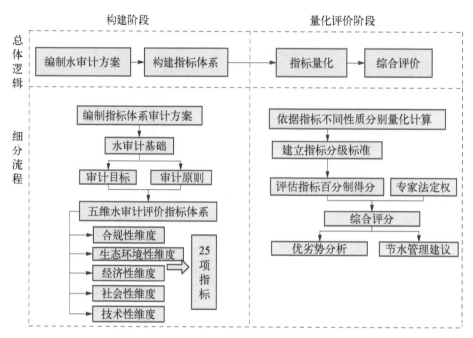

图 3‑22　水审计评价指标法逻辑图

报告阶段：召集专家分析讨论钢铁工业园区水会计与水审计结论，从节水、水量调配、组织架构等多角度提出水资源精细化管理建议，并与厂区现状进行复核与反馈。在此基础上，完成工业园区基于耗水的水会计与水审计示范报告。

3.5.4　示范应用

将已构建的水平衡-水会计-水审计集成的"三水"综合技术方法体系在承德钢铁工业园区予以示范，通过分析用水指标、用水水平、用水潜力，对现有的用水状况进行评价，识别承德钢铁厂用水薄弱点，深度挖掘工业园区基于耗水（ET）的节水潜力，分析评估工业园区关键节点上的关键指标，发现存在的关键问题，结合关键技术提出关键问题解决策略，促进工业园区基于耗水的水资源管理。示范的主要成果展示如下。

3.5.4.1　用水单元确定

依据工业园区用水特征，以整个工业园区为一级单元，园区内 7 个独立事业部为二级单元，事业部下属的 26 个产线为三级单元，产线中包含的 76 个生产工序为四级单元，共计 4 个层级 110 个计算单元。以这 110 个用水单元作为计算节点，综合分析各节点新水[①]、

---

① 新水是指被用水户第一次利用，取自地表水、地下水、自来水、外购水、再生水、雨水积蓄水、矿井排水、海水淡化、苦咸水等任何水源的水。

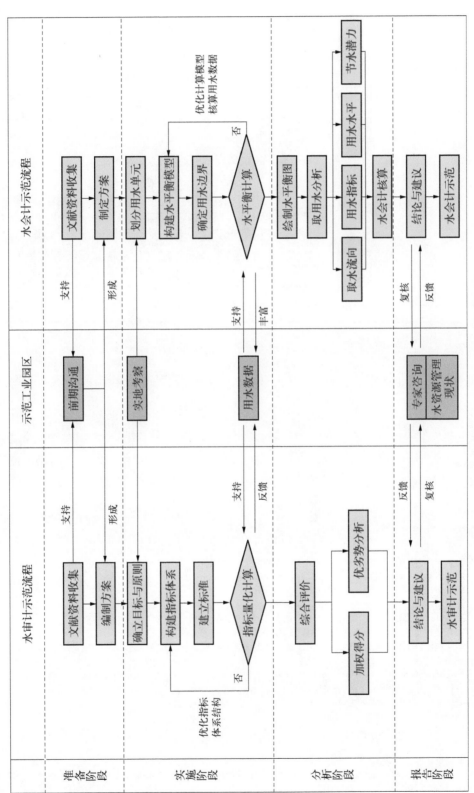

图 3 - 23　工业园区水会计与水审计示范流程图

中水①、软水②、循环水③、排水④、耗水⑤、串级水⑥的流动情况。示范工业园区用水单元划分结果见表 3-31。

表 3-31　水平衡计算单元划分表

单元划分	单元级别	数量	内　　容
园　区	一级	1	承德钢铁厂
事业部	二级	7	板带事业部⑦、棒材事业部⑧、线材事业部⑨、炼铁事业部⑩、能源事业部⑪、钒钛事业部⑫、其他辅助生产部门⑬
产　线	三级	26	150 t 转炉、120 t 转炉、100 t 转炉、棒材、线材、一高线、二高线、烧结机、钒化工厂、新钒厂、锅炉蒸汽机房、中水软化、燕山气体公司、自动化中心、维护检修中心、公司机关、公司承担等
工　序	四级	76	转炉净环、转炉浊环、连铸净环、连铸浊环、层冷水池、沉钒工序、反渗透制软水、热力系统、循环水系统、气体排放、喷淋水池、结晶器等

3.5.4.2　水平衡计算结果

从各工序对应的四级单元计算开始,依次进行四级(76 个生产工序)、三级(26 条生产产线)、二级(7 个生产部门)及一级(整个工业园区)单元的水平衡计算,获得三级、二级、一级的水平衡计算表和水平衡图。图 3-24～3-26 分别展示了部分三级、二级和一级用水单元的水平衡框图,图中数据单位为万 m^3。表 3-32 展示了 2019 年承德钢铁厂工业园区水平衡表。

---

①　中水指通过污水处理厂将生产过程中产生的废水处理之后得到并重新参与生产过程的再生水。
②　软水是不含或含较少可溶性钙、镁化合物的水,适用于冶金行业、化工行业、热力站、锅炉房等领域用水。
③　循环水是指在确定的用水单元或系统内,生产过程中已用过的水,再循环用于同一过程的水。
④　排水是指对于确定的用水单元和系统完成生产过程和生产活动之后排出用水户之外或排出该单元进入污水系统的水。
⑤　耗水(ET)是指在确定的用水单元和系统内,生产过程中由于蒸发、管网漏损、废渣携带、绿化用水、产品携带等原因直接损失的水。这部分水量是无法回收和利用的。
⑥　串联水即以串联方式复用的水,是指在确定的用水单元和系统中,生产过程中产生的或使用后的水,再用于另一单元或系统的水。
⑦　板带事业部:负责 150 t 转炉和板带轧线,主要负责炼制钢水和生产 1780 热轧卷板轧钢。
⑧　棒材事业部:负责 100 t 转炉和轧线,主要炼制钢水和生产棒材、线材钢产品。
⑨　线材事业部:负责 120 t 转炉和轧线,主要炼制钢水和生产棒材、线材钢产品。
⑩　炼铁事业部:负责烧结机和高炉,主要负责烧结和炼铁工序,生产烧结矿和铁水。
⑪　能源事业部:兼顾生产和管理职能。生产脱盐软水和工业蒸汽等;管理工业园区水资源及其他能源调配,保证正常生产运行。
⑫　钒钛事业部:主要利用高炉铁水精炼钒制品,此外生产半钢水用于转炉炼钢。
⑬　其他辅助生产部门:涵盖能源、物流、清洁、生活等领域,用水占比小,主要职能是维持厂区生产运行、保障职工人身安全、应急处理等。

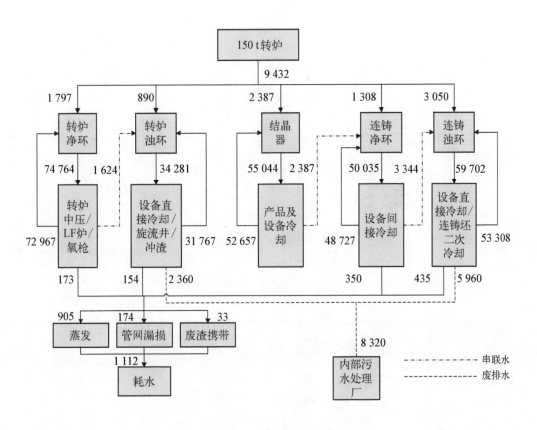

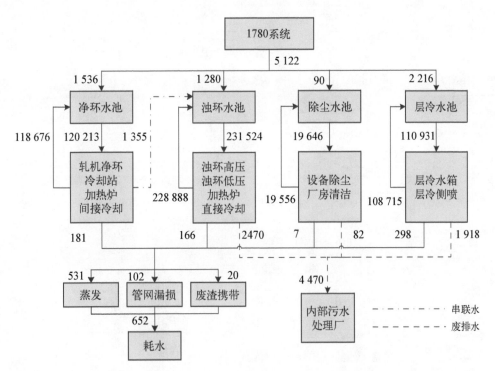

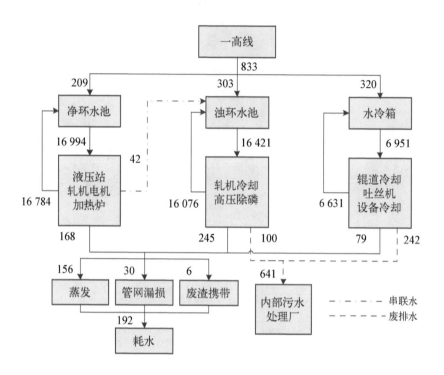

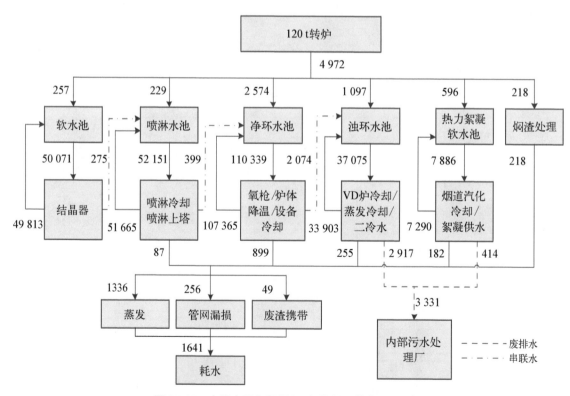

图 3-24 产线水平衡框图(三级单元)(单位:万 m³)

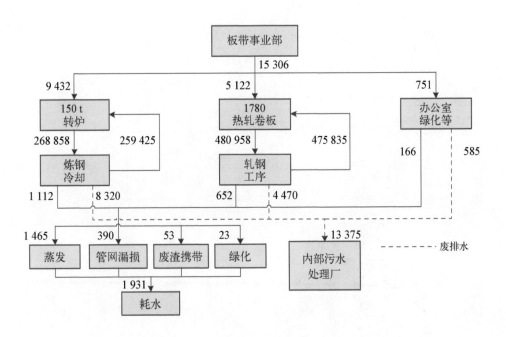

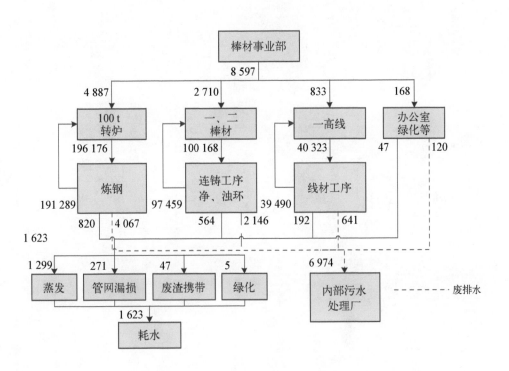

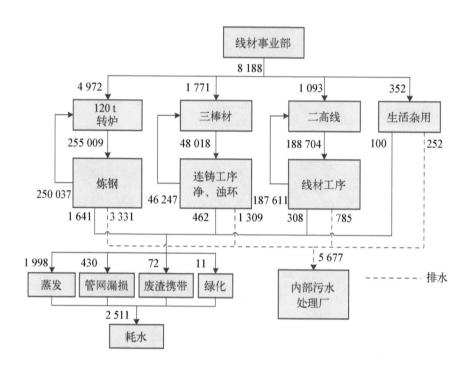

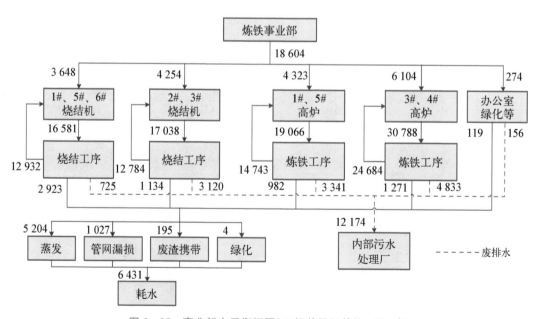

图 3-25　事业部水平衡框图(二级单元)(单位: 万 m³)

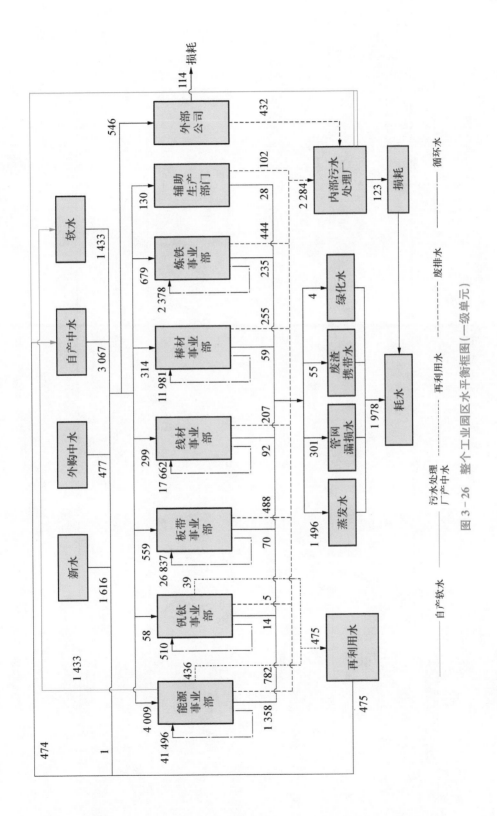

图 3-26 整个工业园区水平衡框图(一级单元)

表 3 - 32　2019 年承钢钢铁厂工业园区水平衡表

（单位：万 m³）

二级单元	输入水量						输出水量								
	新水	外购中水	自产中水	软水	循环水	输入水量总计	循环水	再利用水	软水	蒸发水量	管网漏损水量	废渣携带水量	绿化水量	排入内部污水处理厂	输出水量合计
对内供水 炼铁事业部	185	55	356	82	2 378	3 057	2 378			190	37	7	0.2	444	3 057
棒材事业部	39	25	158	92	11 981	12 294	11 981			47	10	2	0.2	255	12 294
板带事业部	61	26	169	302	26 837	27 396	26 837			53	14	2	0.8	488	27 396
线材事业部	85	14	91	109	17 662	17 961	17 662			73	16	3	0.4	207	17 961
钒钛事业部	15	4	24	15	510	568	510	39		10	3		0.2	5	568
能源事业部	1 057	301	1 935	716	41 496	45 505	41 496	436	1 433	1 105	212	41		782	45 505
辅助生产部门	64	1	4	62		130				17	9	1	1.5	103	130
内部小计	1 506	426	2 737	1 379	100 864	106 911	100 864	475	1 433	1 496	301	55	3.2	2 284	106 911
对外供水 公司外部	110	51	331	54		546				27	85	55	1.6	432	546
合　计	1 616	477	3 067	1 433	100 864	107 457	100 864	475	1 433	1 523	386	55	5	2 716	107 457

3.5.4.3　水平衡结果分析

1. 取水流向

承德钢铁工业园区内各部门取水量比例见图 3-27,生产事业部取水量最大的 3 个部门分别是能源事业部(60.8%)、炼铁事业部(10.3%)和板带事业部(8.5%)。从水量分配来看,能源事业部取水量最大,应是水管理部门监测的重点区域。

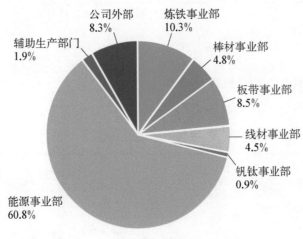

图 3-27　各部门取水量分布图

2. 用水指标

承德钢铁厂烧结、炼铁、炼钢和轧钢工序单位产品取水量分别为 0.30 m³/t、0.53 m³/t、1.0 m³/t、0.61 m³/t,将取水量根据取水来源分为常规水资源①取水量及非常规水资源②取水量指标,评价各生产工序的用水结构。4 个工序单位产品常规水资源取水量分别为 0.13 m³/t、0.18 m³/t、0.66 m³/t、0.26 m³/t,非常规水资源取水量分别为 0.17 m³/t、0.35 m³/t、0.34 m³/t、0.35 m³/t。可进一步优化用水结构,提高单位产品非常规水资源取水量,挖掘非常规水资源取水替代常规水资源取水的空间,减少园区从区域引用新水的量,间接增加了区域水环境容量,优化区域水环境。

利用循环水利用率对比分析不同生产部门、不同工序的用水水平。能源事业部循环水利用率为 91.19%,在 5 大生产部门中最低,见图 3-28。分析其原因为锅炉区产生了大量的蒸发损耗、管网漏损。同时中水制软水技术效率低,也产生了大量的废水,需进行技术装备更新。

---

① 常规水资源指双滦区自来水公司、六道河供水公司提供的新水及工业园区自采新水。
② 非常规水资源指清泉水务提供的市政中水及工业园区内部污水处理厂自产中水及软水。

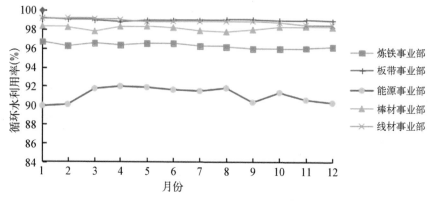

图 3-28　生产事业部循环水利用率

从各工序的循环水利用率对比情况看,烧结工序、炼铁工序、炼钢工序、轧钢工序的循环水利用率分别为 76.49%、77.33%、97.32%、98.66%,烧结、炼铁工序循环水利用率较低,用水水平偏低,节水潜力较大,应将节水优化的重心放在这两道工序上。

3. 耗水结构

承德钢铁厂工业园区的耗水组分包含 5 大类,依照耗水量由大到小的顺序,分别是蒸发水、管网漏损水、污水处理厂损失水、废渣携带水、绿化水,它们占总耗水量的比例分别是 72.8%、18.5%、5.9%、2.6%、0.2%。因此,应重点针对蒸发和管网漏损开展节水工作。

4. 节水潜力分析

工业园区的烧结、炼铁、炼钢、轧钢生产工序必须满足国家标准工业《取水定额》(GB/T8916—2017)和《河北省用水定额:工业取水》(DB13/T 1161.2—2016)的要求,将各部门生产工序的单位产品取水量与国家及地方标准对标,找出不达标的生产节点,有针对性地重点开展节水工作。

以 2019 年炼钢工序用水指标对标结果为例进行分析(表 3-33)。炼钢工序包括 100 t 转炉、120 t 转炉和 150 t 转炉,分别隶属于不同生产事业部。由取水指标对标表可分析得出:100 t、150 t 转炉的吨钢取水量均达到了取水定额考核值要求,而 120 t 转炉未达到考核要求。因此,线材事业部的 120 t 转炉系统亟须完成设备优化和生产工序调整。

表 3-33　2019 年炼钢工序取水指标对标一览表

序号	车间	所属事业部	吨钢取水量 (m³/t)	取水定额考核值 (DB13/T1161.2—2016)(m³/t)	评价
1	100 t 转炉	棒材	0.34	1.10	达到考核要求
2	120 t 转炉	线材	1.35	1.10	未达到考核要求
3	150 t 转炉	板带	0.63	1.10	达到考核要求
4		炼钢	0.77	1.10	达到考核要求

3.5.4.4 会计核算

以水量为计量单位,基于水平衡计算结果,计算了一个核算周期内园区新水、中水、软水、耗水、排水等水量的变化,获得到企业水资产[①]、水负债[②]、水资产变动、水负债变动和净水资产[③]5个水会计核算要素的值。依据水会计核算遵循的关系(见图3-29),构建水会计报表体系,包括水量表、水资产与水负债变动表、水资产与水负债表(见表3-34～3-36)。

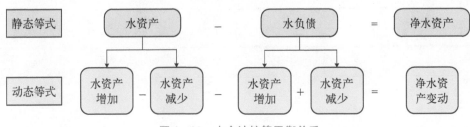

图3-29 水会计核算平衡关系

表3-34 水量表 (单位:万 m³)

项　目	新　水	中　水	软　水	总　计
1 水量流入				
1.1 双滦供水	280.3			280.3
1.2 六道河供水	996.1			996.1
1.3 自采新水	339.7			339.7
1.4 清泉水务供水		477.1		477.1
1.5 外部污水		431.6		431.6
水量流入总和	1 616.1	908.7		2 524.8
2 水量流出				
2.1 对外供水	109.6	382.1	53.9	545.6
2.2 耗水量				1 978.3
蒸发水量				1 496.2
管网漏损水量				301.1
废渣携带水量				55.1
绿化及其他				3.2

---

　①　水资产:符合资产定义并且报告主体在未来可从中获取收益、能可靠量化时应确认为水资产,包括湖泊及其他自然地表的水、水坝水库的水、地下水的提取部分、死库容水、运输水等。

　②　水负债:符合负债定义并且义务的履行会导致报告主体水资产的减少或另一项水负债的增加、能可靠计量时确认为水资源负债。水负债的一个重要特征是现时义务,即企业过去的交易或者事项形成的,预计会导致经济利益流出企业的现时义务。

　③　净水资产:是指水会计主体的所有水资产减去所有水负债的余额,其可以反映水会计主体在分配资源方面的合法权利或限制,进而帮助报告使用者做出和评估资源分配决策。

（续表）

项　　目	新　水	中　水	软　水	总　　计
污水处理厂损失				122.7
水量流出合计				2 523.9
3 净水量变动				0.9
4 期初储水量				2.74
5 期末储水量				3.64

表 3－35　水资产与水负债变动表　　　　（单位：万 m³）

项　　目	新　水	中　水	软　水	总　　计
1 水资产增加				
水资产增加合计	1 616.1	908.7		2 524.8
2 水负债增加				
2.1 应付				545.6
2.2 实付				545.2
2.3 应付未付				0.4
水负债增加合计				0.4
3 水资产减少				
3.1 耗水量				1 978.3
3.2 应付水量	109.6	382.1	53.9	545.6
水资产减少合计				2 523.9
4 水资产变动				0.9
4 未解释的差异				
5 净水资产变动				0.5

表 3－36　水资产与水负债表　　　　（单位：万 m³）

项　　目	总　　计
1 水资产	
1.1 期初储水量①	2.74
1.2 净水量变动②	0.9
水资产合计	3.64
2 水负债	
2.1 实付与应付水量差	0.4
3 净水资产	3.24

---

① 期初储水量表示 2018 年末承德钢铁厂内部水池蓄水量。
② 净水量变动＝水量流入－水量流出。

（续表）

项　　目	总　　计
4 期初净水资产①	2.74
5 净水资产变动	0.5
6 期末净水资产	3.24

构建的水量表、水资产与水负债变动表、水资产与水负债表一目了然地反映了示范工业园区取水、用水和排水的情况，园区期末储水量 3.64 万 m³，水量流入 2 524.8 万 m³，水量流出 2 523.9 万 m³，体现了园区净水资产小，流入流出资产较大的用水特征，同时体现了园区取水量在 2 500 万 m³ 左右，也隐含反映了地区的水分配计划和供用水合同信息等相关政策、交易事项，起到监督水资源的开发、利用活动，以便更好地促进自然资源、经济资源和社会资源的优化配置。

3.5.4.5　水审计指标体系构建

根据示范工业园区用水特征及预设目标，构建了五维水审计指标体系，包含 25 项指标。指标体系见表 3 - 37。

表 3 - 37　五维水审计指标表

目　　标	一级编码	一级指标	二级编码	二级指标	三级编码	三级指标
取用水全程规范符合程度指标	1	合规性	1.1	规范性	1.1.1	取水许可合规性
					1.1.2	年度计划取用水合规性
					1.1.3	入河排污口设置合规性
					1.1.4	地下水开采合规性
					1.1.5	节水措施合规性
					1.1.6	水资源税缴存合规性
			1.2	组织性	1.2.1	水管理机构组织性
园区水环境危害程度指标	2	生态环境性	2.1	取水	2.1.1	水功能区水质达标率②
					2.1.2	城镇污水集中处理达标率③

---

① 期初净水资产：指 2018 年末承德钢铁厂的净水资产，该数值与期初储水量相等。

② 水功能区水质达标率为定量指标，反映工厂取水的水功能区的水质达标情况，为极大型指标。在区域统计期内，运用频法法，该指标计算公式如下：水功能区水质达标率=年度达标次数/评价总次数×100％。根据《用水审计技术导则》，指标划分成三个等级。评估该指标时，查阅河北省承德市 2019 年环境公报，公报显示双滦区的地下水水质达标率为 16.7％，因此以区域推测（即"推测 1 类"）得到指标值为 16.7％。

③ 城镇污水集中处理达标率为定量指标，反映工厂取水的城镇的废水排放的达标程度，为极大型指标。在区域统计期内，该指标计算公式如下：城镇污水集中处理达标率=城市市区经过城市污水厂处理达到排放标准的污水量/城市污水排放总量×100％。根据《用水审计技术导则》，指标划分成三个等级。评估该指标时，中央"十三五"规划建议提出的，实现城镇生产污水垃圾处理设施全覆盖和稳定运行的要求，将"十三五"城市污水集中处理率目标设置为 95％。以通常情况推测（即"推测 2 类"），得到指标值为 95％。

（续表）

目　标	一级编码	一级指标	二级编码	二级指标	三级编码	三　级　指　标
					2.1.3	工业废水达标排放率①
			2.2	排水	2.2.1	污水集中处理达标率②
					2.2.2	污水排放对水功能区水质的影响度③
效益和成本程度指标	3	经济性	3.1	效益	3.1.1	万元产值耗新水量
					3.1.2	万元工业增加值用水总量
					3.1.3	厂内人均生活用水量
					3.1.4	工业用水重复利用率
			3.2	成本	3.2.1	吨钢用水量
					3.2.2	吨钢耗水量
			3.3	经济溢出	3.3.1	厂区单位面积用水强度
社会环境发展影响指标	4	社会性	4.1	满意度	4.1.1	供水保障率
			4.2	用水舆情	4.2.1	用水安全度
技术配备程度指标	5	技术性	5.1	节水技术	5.1.1	生产工艺和设备
					5.1.2	节水技术专利持有率
			5.2	用水技术	5.2.1	管网漏损率
					5.2.2	企业用水计量覆盖率

3.5.4.6　水审计指标的度量、分级和赋分

度量指依照定性和定量指标的性质逐一量化。分级指参考行业数据和文献资料，针对量化的值采用内涵定级法或区间定级法确定等级区间，可用于判断单个指标值的优劣。赋分指将量化值以均匀赋分法和内插法得到百分制得分。水审计指标的度量、分级和赋分方法见图3-30。

———————————————

①　工业废水达标排放率为定量指标，反映所在区域排放工业废水的达到工业排放标准的程度，为极大型指标。在区域统计期内，该指标计算公式如下：工业废水达标排放率＝承德市污水厂处理后达到工业排放标准的排放达标量/废水年排放总量×100％。根据《用水审计技术导则》，指标划分成三个等级。评估该指标时，以通常情况推测（即"推测2类"），得到指标值为100％。

②　污水集中处理达标率为定量指标，反映厂区排放废水和污水的达到工业排放标准的程度，为极大型指标。在区域统计期内，该指标计算公式如下：污水集中处理达标率＝厂区污水厂处理后达到工业排放标准的污水量/厂区年污水排放总量×100％。根据《用水审计技术导则》，指标划分成三个等级。评估该指标时，以通常情况推测（即"推测2类"），得到指标值为100％。

③　污水排放对水功能区水质的影响度为定性指标，反映污水排放对水功能区水质的影响，为极小型指标。运用问卷调查法，设计针对管理者的里克特量表；对水质影响程度1～5打分。完全不影响（1）、比较不能影响（2）、影响程度一般（3）、比较影响（4）、完全影响了水质（5）。根据综合得分，指标划分成三个等级。评估该指标时，由于承钢外排水量为0。依据该情况（即"实际1类"），设定该项指标值为1。

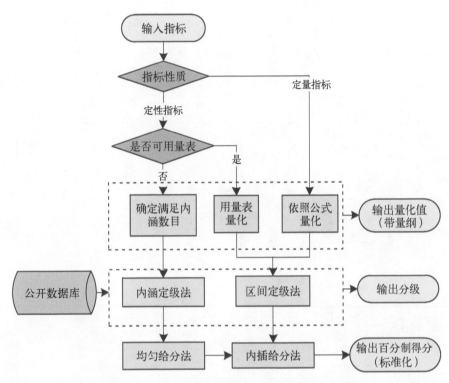

图 3 - 30　水审计指标的度量、分级和赋分方法图

3.5.4.7　指标计算表

根据指标的度量、分级和赋分方法,构建了水审计中指标评估表、评价标准表、权数计算表和综合得分表,表 3 - 38～3 - 41 给出了这 4 类计算表的部分展示。由最终的综合表获得五维度 25 个指标的加权综合得分,以此识别各指标存在的问题及差异,有利于针对性地提出解决措施。

3.5.4.8　水审计结果分析

根据指标评分分级,0～60(不含)分为Ⅰ级,表现较差;60～95(不含)分为Ⅱ级,表现合格;95～100 分为Ⅲ级,表现优秀。承德钢铁工业园区水审计综合评估结果为 89.86,综合表现为合格偏优。其中,表现为Ⅰ级的指标有厂内人均生活用水量、厂区单位面积用水强度。表现为Ⅱ级的指标有节水措施合规性、水功能区水质达标率;经济性的万元工业增加值用水总量、吨钢用水量、吨钢耗水量;社会性的用水安全度;技术性的节水技术专利持有率、企业用水计量覆盖率。表现为Ⅲ级的指标有合规性的取水许可合规性、年度计划取用水合规性、入河排污口设置合规性、地下水开采合规性、水资源税缴存合规性、

表3-38 指标评估表（以合规性为例）

一级指标	指标名称	数据源问题设计	评估列	依据类别	具体描述
合规性	取水许可合规性	1. 企业是否严格按照《取水许可制度管理办法》规程进行了建设项目水资源论证	是	实际	实际调查。已校核
		2. 是否取得取水许可证（包括地表水、地下水取水）	是	实际	以厂区取水许可证为依据
		3. 是否按标准的取水总量控制水	是	实际	以厂区2019年份水平衡数据为依据。2019年承德钢铁厂综合水资源利用指标与《河北省取水定额 钢铁企业》（DB13/T 2713—2008）对标结果达到考核值要求。已校核
		指标值	3		
	年度计划取用水合规性	1. 企业是否严格按照用水计划程序和要求，向水行政主管部门上报本年度取水用水情况总结表与下一年度取水用水计划建议表	是	实际	实际调查。已校核
		2. 是否按批准的年度计划进行取水	是	实际	实际调查。已校核
		3. 企业用水定额是否能控制在地方颁布的行业用水定额内	是	实际2（以厂区近些年份数据为依据）	以厂区2018年份水平衡数据为依据。2019年承德钢铁厂综合水资源利用指标与《河北省取水定额 钢铁企业》（DB13/T 2713—2008）对标结果达到考核值要求。已校核
		指标值	3		

表 3 – 39 评价标准表（以合规性为例）

指标类型	指标编码	指标名称	单位	依据类别 Ⅰ级 0~60（不含）	Ⅱ级 60~95（不含）	Ⅲ级 95~100	标准2（基于标准的改动）	具体描述	分级可行性
合规性	1.1.1	取水许可合规性		满足内涵其中0~1条	满足内涵2条	满足内涵3条	定性指标类（根据内涵或范围进行分配）	依据内涵条数，在100分内均匀分配。例如，满足1/3，就得100×1/3分	每一条内涵都覆盖了一个层面，且各自内涵相互独立、完整。因此均匀得分
	1.1.2	年度计划取用水合规性		满足内涵其中0~1条	满足内涵2条	满足内涵3条	定性指标类（根据内涵或范围进行分配）	依据内涵条数，在100分内均匀分配。比如满足1/3，就得100×1/3分	每一条内涵都覆盖了一个层面，且各自内涵相互独立、完整。因此均匀得分
	1.1.3	入河排污口设置合规性		满足内涵其中0~1条	满足内涵2条	满足内涵3条	定性指标类（根据内涵或范围进行分配）	依据内涵条数，在100分内均匀分配。比如满足1/3，就得100×1/3分	每一条内涵都覆盖了一个层面，且各自内涵相互独立、完整。因此均匀得分

表 3 – 40 权重计算表

一级指标	一级指标权数 算术平均法	几何平均法	特征值法	二级指标	二级指标权数 算术平均法	几何平均法	特征值法	二级指标综合权数 算术平均法	几何平均法	特征值法
合规性	0.408 2	0.410 8	0.410 7	取水许可合规性	0.243 6	0.254 5	0.250 1	0.099 4	0.104 5	0.102 7
				年度计划取用水合规性	0.082 1	0.083 6	0.080 8	0.033 5	0.034 3	0.033 2
				入河排污口设置合规性	0.212 0	0.216 3	0.216 1	0.086 5	0.088 9	0.088 8

（续表）

一级指标	一级指标权数			二级指标	二级指标权数			二级指标综合权数		
	算术平均法	几何平均法	特征值法		算术平均	几何平均法	特征值法	算术平均	几何平均法	特征值法
生态环境性	0.266	0.271	0.267 4	地下水开采合规性	0.163 3	0.167 4	0.162 3	0.066 7	0.068 8	0.066 7
				节水措施合规性	0.098 8	0.089 5	0.099 0	0.040 3	0.036 8	0.040 7
				水资源税缴存合规性	0.151 5	0.141 8	0.144 7	0.061 8	0.058 3	0.059 4
				水管理机构组织性	0.048 7	0.046 9	0.046 9	0.019 9	0.019 3	0.019 3
				水功能区水质达标率	0.135 0	0.132 6	0.134 2	0.035 9	0.035 9	0.035 9
				城镇污水集中处理达标率	0.067 4	0.065 6	0.066 3	0.017 9	0.017 8	0.017 7
				污水集中处理达标率	0.299 6	0.300 8	0.301 5	0.079 7	0.081 5	0.080 6
				工业废水达标排放率	0.249 0	0.250 5	0.249 0	0.066 2	0.067 9	0.066 6
				污水排放对水功能区水质的影响度	0.249 0	0.250 5	0.249 0	0.066 2	0.067 9	0.066 6
经济性	0.155 6	0.157 7	0.156 3	万元产值耗新水量	0.283 3	0.285 1	0.284 1	0.044 1	0.045 0	0.044 4
				万元工业增加值用水总量	0.273 8	0.273 6	0.275 2	0.042 6	0.043 1	0.043 0
				厂内人均生活用水量	0.060 1	0.059 9	0.059 8	0.009 4	0.009 4	0.009 3
				工业用水重复利用率	0.106 5	0.106 4	0.106 0	0.016 6	0.016 8	0.016 6
				吨钢用水量	0.106 5	0.106 4	0.106 0	0.016 6	0.016 8	0.016 6
				吨钢耗水量	0.106 5	0.106 4	0.106 0	0.016 6	0.016 8	0.016 6
				厂区单位面积用水强度	0.063 3	0.062 3	0.062 9	0.009 8	0.009 8	0.009 8
社会性	0.117 0	0.110 2	0.114	供水保障率	0.249 1	0.249 1	0.249 1	0.029 1	0.027 5	0.028 4
				用水安全度	0.750 9	0.750 9	0.750 9	0.087 9	0.082 7	0.085 6
技术性	0.053 2	0.050 4	0.051 7	先进节水设施覆盖率	0.164 9	0.164 0	0.164 5	0.008 8	0.008 3	0.008 5
				节水技术专利特有率	0.361 8	0.363 8	0.360 7	0.019 2	0.018 3	0.018 6
				管网漏损率	0.375 3	0.374 7	0.377 2	0.020 0	0.018 9	0.019 5
				企业用水计量覆盖率	0.098 0	0.097 5	0.097 6	0.005 2	0.004 9	0.005 0

表3-41 综合得分表

指标类型	指标编码	指标名称	单位	Ⅰ级 0~60(不含)	Ⅱ级 60~95(不含)	Ⅲ级 95~100	评估值	等级	三级指标得分	三级指标综合权数	三级指标标加权得分	二级指标标加权得分	一级指标标加权得分
合规性	1.1.1	取水许可合规性	0	满足内涵其中0~1条	满足内涵2条	满足内涵3条	3	Ⅲ级	100.00	0.10	9.94	40.23	89.86
	1.1.2	年度计划取用水合规性	0	满足内涵其中0~1条	满足内涵2条	满足内涵3条	3	Ⅲ级	100.00	0.03	3.35		
	1.1.3	入河排污口设置合规性	0	满足内涵其中0~1条	满足内涵2条	满足内涵3条	3	Ⅲ级	100.00	0.09	8.65		
	1.1.4	地下水开采合规性	0	满足内涵其中0~1条	满足内涵2条	满足内涵3条	3	Ⅲ级	100.00	0.07	6.67		
	1.1.5	节水措施合规性	0	满足内涵其中0~4条	满足内涵5~6条	满足内涵7条	6	Ⅱ级	85.71	0.04	3.45		
	1.1.6	水资源税缴存合规性	0	满足内涵其中0~1条	满足内涵2条	满足内涵3条	3	Ⅲ级	100.00	0.06	6.18		
	1.2.1	水管理机构组织性	0	满足内涵其中0~1条	满足内涵2条	满足内涵3条	3	Ⅲ级	100.00	0.02	1.99		
生态环境性	2.1.1	水功能区水质达标率	%	≤60	60~75(两侧不含)	≥75	16.70	Ⅰ级	16.70	0.04	0.60	23.60	
	2.1.2	城镇污水集中处理达标率	%	≤70	70~80(两侧不含)	≥80	95.00	Ⅲ级	100.00	0.02	1.79		
	2.1.3	工业废水达标排放率	%	≤85	85~100(两侧不含)	≥100	100.00	Ⅲ级	100.00	0.08	7.97		
	2.1.4	污水集中处理达标率	%	≤70	70~80(两侧不含)	≥80	100.00	Ⅲ级	100.00	0.07	6.62		
	2.2.3	污水排放对水功能区水质的影响度	—	(不含)2.6~5	1.2~2.6(两侧不含)	1~1.2	1	Ⅲ级	100.00	0.07	6.62		
经济性	3.1.1	万元产值耗新水量	m³/万元	≥300	200~300(两侧不含)	≤200	8.44	Ⅲ级	100.00	0.04	4.41	11.79	

（续表）

指标类型	指标编码	指标名称	单位	I级 0~60(不含)	II级 60~95(不含)	III级 95~100	评估值	等级	三级指标得分	三级指标综合权数	三级指标加权得分	二级指标加权得分	一级指标加权得分
	3.1.2	万元工业增加值用水总量	$m^3/$万元	≥100	60~100(两侧不含)	≤60	87.83	II级	70.65	0.04	3.01		
	3.1.3	厂内人均生活用水量	$m^3/$人	≥140	85~140(两侧不含)	≤85	492.02	I级	20.00	0.01	0.19		
	3.1.4	工业用水重复利用率	%	≤70	70~80(两侧不含)	≥80	94.35	III级	100.00	0.02	1.66		
	3.2.1	吨钢用水量	$m^3/$吨	0	0	0	151.56	II级	71.00	0.02	1.18		
	3.2.2	吨钢耗水量	$m^3/$吨	0	0	0	1.01	II级	75.00	0.02	1.25		
	3.3.1	厂区单位面积用水强度	m^3/m^2	≥0.70	0.10~0.70(两侧不含)	≤0.10	16.66	I级	10.00	0.01	0.10	9.50	
社会性	4.1.1	供水保障率	—	1~3.4(不含)	3.4~4.8(不含)	4.8~5	5	III级	100.00	0.03	2.91		
	4.2.1	用水安全度	—	1~3.4(不含)	3.4~4.8(不含)	4.8~5	4	II级	75.00	0.09	6.59		
技术性	5.1.1	生产工艺和设备	0	满足内涵其中0~1条	—	满足内涵2条	2	III级	100.00	0.01	0.88		
	5.1.2	节水技术专利持有率	%	≤0.25	0.25~1.51(两侧不含)	≥1.51	0.98	II级	77.00	0.02	1.48	4.74	
	5.2.1	管网漏损率	%	≥12	10~12(两侧不含)	≤10	9.35	III级	96.00	0.02	1.92		
	5.2.2	企业用水计量覆盖率	%	不满足基准要求	水计量器具配备率、用水计量率均为100%；次级用水单位均>95%；主要用水设备≥80%、85%	水计量器具配备率、用水计量率均为100%；次级用水单位均为100%；主要用水设备均100%	84	II级	84	0.01	0.46		

水管理机构组织性,生态环境性的城镇污水集中处理达标率、工业废水达标排放率、污水集中处理达标率、污水排放对水功能区水质的影响度,经济性的万元产值耗新水量、工业用水重复利用率,社会性的供水保障率,技术性的生产工艺和设备、管网漏损率。

通过水审计,发现承德钢铁工业园区水资源管理优势主要体现在以下方面。合规性:厂区较好满足取水、用水、排水环节的合规性要求,水管理机构具备较完善的分工、考核机制。生态环境性:园区所在承德市区域水环境评价都达到了Ⅲ级;园区本身的废污水处理达标率为 100%,园区向区外排水量为零,大大减少了对环境的影响。经济性:园区万元产值耗新水量远低于导则级别;园区工业用水重复利用率总体达到 94.4%,循环水利用率较高;生产过程中,吨钢用水及吨钢耗水水平较低。社会性:厂区充分保障了民众的用水服务。技术性:具备生产工艺和设备并落实管理;厂区内部管网漏损率低于国家标准,有利于节水。

工业园区在以下水资源管理方面有待加强提高。合规性:需要注意相关节约用水管理资料的保存,健全台账管理,完善落实节水措施。继续保持取水环节、用水、排水环节中从计划、资质到实施全过程的规范化工作。生态环境性:厂区的水资源管理应当和双滦区协同共进,共同努力提高地下水水质,形成正向循环。经济性:应当调整厂区内用水结构,减低生活用水,提高居民节水意识,呼吁日常节水;厂区单位面积用水强度高于承德市和河北省的平均水平,生产过程的吨钢用水有待进一步挖掘潜力。社会性:厂区年度存在个别用水事故,虽然危害程度较轻,但也需要控制。技术性:厂区的节水技术专利持有水平位于钢铁行业中端,应加大对节水专利技术的研发投入。

3.5.5 水会计与水审计示范效益

1. 节水效益

园区每天耗水量为 5.73 万 m^3,其中:蒸发耗水量 4.17 万 m^3,占比 72.8%;管网渗漏耗水量 1.06 万 m^3,占比 18.5%;其他因素耗水量 0.5 万 m^3,占比 8.7%。① 若采用高烟气消白、余热蒸汽再利用等技术回收 20% 蒸发水量,则每年可减少新水消耗 305 万 m^3。② 若园区开展能源事业部、循环水池等重点区域管网维修,管网渗漏水占比从 18.5% 降至 10%,则每年可减少管网漏损水量约 195 万 m^3。③ 工业园区主要生产工序包含烧结、炼铁、炼钢、轧钢。相同工序不同产线取中水及新水比例结构存在显著差异,如烧结工序,1#烧结产线取水结构中新水占比达到 77.0%,2#烧结产线仅为 15.3%,差异较大,若将 1#烧结机新水消耗降到 2#烧结机的水平,则每天可减少新水消耗 0.23 万 m^3。同理,园区 4 个主要生产工序均挖掘中水替代新水的潜力,则每天可减少新水消耗 0.62 万 m^3,每年为 228 万 m^3。考虑园区 3 部分可减少新水消耗共计 728 万 m^3,约为 2019 年取新水总量的 45％。

2. 环境效益

通过耗水控制和非常规水资源利用,工业园区每年可减少 728 万 m³ 新水取用量,从水环境角度即增加河道 728 万 m³ 水体的水环境容量。若按工业园区取水口地表水水质为Ⅱ类,滦河承德段目标水质为Ⅲ类计算,728 万 m³ 水体分别增加 COD、总磷、总氮水环境容量 36.4 t、0.7 t、3.6 t。

3. 经济效益

工业园区获取新水价格为 1.7～2.6 元/m³,中水价格为 0.77 元/m³。若工业园区进一步提高节水水平,减少余热蒸汽及管网渗漏带来的新水消耗,同时挖掘中水取代新水潜力,按园区可减少新水消耗 728 万 m³ 计,工业园区每年在购水方面可节省 677～1 332 万元,在发挥节水效益的同时还具有经济效益。

4. 管理效益

(1) 水审计的实施有利于规范示范区节水管理体系。工业园区目前的取水许可、年度计划取用水等得分均为 3,合规程度达 100％,此类指标为深化执行用水定额管理的决策提供了证据。部分合规程度小于 100％的指标指出问题,如节水措施合规性为 6,合规程度 85％,表明节水资料的保存不当,示范区需优化行政管理,提高资料的保存准确性。

(2) 水审计的实施有利于设备技术升级。水审计技术性维度显示,截至 2020 年,示范工业园区持有节水技术专利数为 3 个,在行业 307 个节水技术专利总数中持有率为0.98％,位于行业中游。因此,提示承德市示范工业园区加大节水技术研发投入,增加专利持有水平,增强节水软实力。

(3) 水审计的实施有利于进一步提高居民满意度。水审计社会性维度显示用水安全度为 4 分(安全),较为一般。提示工业园区需进一步加强安全事故事前事后防控工作,保障园区用水需求,消除用水安全隐患。

3.5.6 水会计与水审计示范创新点

1. 方法创新

遵循水量平衡的原则,构建了涵盖 4 个层级 110 个用水单元的多层级多节点水平衡网络化模型。该模型从工艺、产线、部门和园区 4 个层面出发,全面且精细的测算了整个园区及每个计算节点取水、用水、耗水全过程的水资源消耗情况,精准识别单一用水单元及任意用水单元组合的水平衡状态,便于企业进行系统内部取用耗水分析、节水潜力分析,为园区水精细化管理提供科学依据和策略。

2. 技术创新

基于水资源、水环境、水生态的 3E 理念，提出了一套集水平衡-水会计-水审计集成的"三水"综合技术方法体系，其技术立足于示范园区取水、输水、配水、用水、渗漏、蒸发、消耗等用水全过程，结合示范区多层级多节点的实际，在合规性、生态环境性、经济性的审计基础上，增加了技术性和社会性维度。维度的补充和指标的构建均充分考虑了工业园区耗水和外部特征的交互式影响。

3. 示范工作成果形式创新

选择承德钢铁工业园区作为示范区，在充分交流与数据收集基础上，深入分析工业园区工艺流、耗水流和数据流传递关系，对水平衡-水会计-水审计（三水）综合技术方法体系予以示范，形成物质流到数据流到评价指标的数据链标准化技术，形成一套包含目标、原则、模型、流程、技术的实施工具，对工作流程中从准备—实施—分析—报告 4 个阶段给予成果展示，对指标计算过程套表、关键节点文件等给予多样形式的示范展示。

4 示范项目成果

4.1 点源污染排放权及交易研究与示范[*]

4.1.1 项目意义

点源污染排放权及交易研究与示范项目是全球环境基金(GEF)水资源与水环境综合管理主流化项目中水点源排放许可制度及排污权交易的主要组成部分,旨在以环境容量(EC)为约束,研究排污权交易的相关政策以及基于水质改善的跨界生态补偿机制,实现环境容量资源在承德市各个地区间的优化配置,使流域和区域水环境得到有效改善,并实现良性循环,以及为承德市滦河段水污染点源排放许可制度及排污权交易政策的示范推广提供技术支撑。排污权交易示范是该项目的核心内容和产出。本次示范工作以开展排污权交易为目标,以此来突出排污权交易这种污染调控方式在缓解环境资源供需矛盾方面的成效,以及其对于环境容量资源的优化配置作用,并结合承德市企业的交易案例对排污权交易工作进行宣传和推广,实现承德市水资源合理化配置和水环境质量改善提高,具体目标为:

1. 推进承德市排污权交易市场建设

承德市作为 GEF 主流化项目排污权交易的示范城市,在水环境污染防控方面承担着重要任务,并努力强调要重点控制主要污染物的排放总量和排放浓度,探索建立排污权交易机制,在全市范围内开展排污权交易试点工作。本次示范在构建承德市排污权交易机制的基础上,通过市内企业交易过程,落实排污权交易细则,增强排污权交易市场的活跃度,促进承德市排污权交易市场的建设。

2. 促进承德市水环境改善和经济社会发展

排污权交易充分利用市场机制,调节经济发展和环境保护中的矛盾,实现对环境容

---

* 由门宝辉、尹世洋、刘灿均、刘菁苹、李阳、赵丹阳、周强、王东阳、李振兴、陈静、陈靖执笔。

量资源的合理利用,减少水环境污染,改善水环境质量。针对承德市经济发展与环境资源矛盾突出的问题,在承德市开展排污权交易,通过政府的宏观调控作用以及市场对于那些科技含量少、缺乏创新意识、粗放式经营、依靠牺牲环境来换取利润的企业的调控和淘汰,能够一定程度上改善该市的环境资源配置结构,提高环境容量的利用效率,减少不必要的污染物排放和环境污染,促进承德市社会经济和自然环境协调发展。

3. 排污权交易宣传和推广

承德作为 GEF 主流化项目排污权交易的试点城市,仍处于排污权交易的初级阶段,需不断积累经验,扩大排污权交易的影响力和突出排污权交易的成效,并呼吁各排污企业积极参与到排污权交易工作中,提高参与排污权交易市场的积极性。故开展本次排污权交易示范工作,其主要目的之一就是对承德市排污权交易进行宣传和推广,达到世界银行项目设置排污权交易试点工作的目标和初衷。

4.1.2 研究内容

1. 构建承德市排污权交易机制

本次示范项目的基础工作是构建承德市排污权交易机制。河北省人民政府先后出台了《河北省主要污染物排放权交易管理办法(试行)》和《河北省排污权有偿使用和交易管理暂行办法》,对排污权交易的相关政策做出了规定,同时,《河北省排污权核定和分配技术方案》也对排污权的核定、分配做出了技术指南。在上述文件的基础上,从承德市实际情况出发,梳理排污权交易过程中关键技术,构建承德市排污权交易机制,提出承德市排污权交易细则;并通过承德市内开展排污权交易示范工作,落实排污权交易细则。在实际交易过程中,对交易涉及的特殊情况和问题进行具体分析,从而改进提升排污权交易细则的内容,使其更加完备,便于应用和实施。

2. 开展承德市排污权交易示范

本次示范项目的核心工作即在承德市内开展排污权交易工作。在构建承德市排污权交易机制的基础上,结合初始排污权核定、排污权储备、排污权交易模式、交易资金结算等关键技术,通过承德市公共资源交易中心和承德市生态环境局的指导,开展承德市内企业间或政府与企业间的排污权交易,探索排污权交易流程,为承德市排污权交易市场建设积累实践经验。

3. 示范案例宣传推广

通过召开技术培训会、设计发放宣传册、展板等方式,提高各排污企业的排污权意识和对排污权交易的认识,在承德市公共资源交易中心公示排污权交易指标、交易细则、交易案例,在承德示范区对排污权交易进行宣传和推广。

4.1.3　示范项目可行性分析

1. 具有排污权交易的政策基础

2011 年,为贯彻落实党中央关于完善排污权交易制度、推行排污权交易、培育排污交易市场的决策部署,指导排污权交易实践,国务院发布了《节能减排"十二五"工作规划》(简称《规划》)和《关于加强环境保护重点行动的意见》(简称《意见》),《规划》和《意见》鼓励设计排污权交易系统、建立排污交易市场,并在地方开展排污权交易试点。2014 年,《关于进一步推进排污权有偿使用与交易试点工作的指导意见》指出将加大排污权交易力度,推进排污权交易试点地区相关工作。2015 年,财政部发布了《排污许可证买卖暂行办法》。这些办法条例都推进了排污权交易,构建了以排污许可制为核心的固定污染源监管制度体系,明确了排污许可制与其他环境管理制度的关系,强化排污单位主体责任并加强了排污许可制度的监管与执法,促进了我国排污权交易的发展。根据上述分析,其在法律层面上有政策性支持、无强制性禁止,法律上可行。此外,2010 年 10 月,河北省人民政府印发了《河北省主要污染物排放权交易管理办法(试行)》(冀政〔2010〕58 号)文件,对主要污染物排放权交易提出了具体要求、内容和限制条件。2015 年 5 月,河北省人民政府办公厅《关于进一步推进排污权有偿使用和交易试点工作的实施意见》(冀政办发〔2015〕10 号)出台,明确了排污权有偿使用和交易的实施范围、工作目标和基本原则。同年 8 月,河北省生态环境厅(原环境保护厅)印发了关于《河北省排污权核定和分配技术方案》(冀环办〔2015〕268 号)的通知,文件指出要高度重视排污权初次核定工作,要切实加强对排污单位的技术指导,要不断强化对核定工作的监督调度,认真做好排污单位的宣传引导。同年 10 月,河北省人民政府办公厅印发了《关于省排污权有偿使用和交易管理暂行办法的通知》(冀政办字〔2015〕133 号),对排污权初始分配、有偿使用、排污权交易、监督管理进行了明确规定。因此,本次开展的排污权交易示范工作从制度和政策角度分析都是可行的。

2. 具有排污权交易的现实条件

排污权交易制度就是将环境保护与经济发展两方面因素综合考虑而提出的一项环境管理政策,它主要体现了用较小的经济代价去获取较大的环境效益,在合理利用环境资源的前提下,促进环境与经济持续协调发展。承德市具备排污权交易基础主要体现在以下几个方面:

(1) 承德市经济的快速发展为排污权交易实施提供了有利条件。承德市经济在不断发展中,总体平稳,市场机制不断完善和发展,各排污单位和企业的经济水平、污染防治成本等存在明显差异,为排污权交易提供了有利条件,可以在良好的市场机制中自由地进行排污权交易,合理配置资源,降低成本,创造更好的经济和社会效益。

（2）承德市政府职能和相应法律制度的不断健全保障了排污权交易的顺利进行。承德市环境管理正在加强政府调控和市场调节的宏观调控能力，已在全市水环境管理领域建立了流域生态补偿机制；环境管理部门对违法排污实行了公众举报及环境监察制度，环境管理部门对重点污染实施了自动在线监测等有效监控。河北省也已将各市实施排污权交易列入政府议事日程，开展了相关研究，正在制定排污权交易制度。

（3）总量控制为排污权交易的开展提供前提保障。污染物总量控制是以满足环境质量目标为前提，控制一定区域内各污染源的污染物排放总量。实施排污权交易主要是为了减少污染物的排放量。那么实施总量控制制度就为排污权交易的实施提供了前提保障。

（4）环境监测等基础能力建设逐年提高为排污权交易提供了有力的技术保障。承德市环保系统有较强的技术支撑能力，在环境容量的核定技术、总量分配技术、污染物检测技术、污染物减排技术等方面已有部分研究成果，为排污权交易提供了重要保障。

（5）先进的思想观念为排污权交易的开展提供了有力的思想条件。随着生活水平的不断提升，公众对改善环境质量的要求不断提高。承德市政府、企业、公众等普遍具有环境资源观、环境价值观、产权交易观、环境容量观，对环境产权也有一定的认知。

3. 具有排污权交易的技术保障

随着排污权交易的发展，各项保障排污权交易顺利开展的技术平台也已逐渐完备，其中包括：排污权交易管理技术平台、排污核算管理技术平台与污染物排放监测管理技术平台。

排污核算管理技术平台对排污单位年度实际排污量进行核定，是排污单位、环境保护主管部门进行年度实际排污量核定、管理和监督的载体。通过该平台的技术手段，可以实现核定过程的电子化、网络化、公开化，有利于提高工作效率与公众参与度。

排污权交易管理技术平台为排污权交易主体提供了排污权交易的专门网站以获取相关排污权交易信息，并在信息处理和统计分析的基础上实现排污权交易的载体，是排污权交易顺利进行的必要条件。排污权交易管理平台的建设，已经为排污权交易双方提供了方便、快捷的交易渠道，使交易过程简化、便于买卖双方及时收集交易信息、避免垄断现象的出现，还能够提高交易的透明度，具有强大的信息采集能力和披露能力，从而推动排污权交易的开展。同时，在既定的排污权交易市场内，排污权交易管理平台的建设，集中了大量的交易信息，扩大了排污单位的成交机会，增强了排污权交易市场的流动性，使排污单位的目的更易达成。

污染物排放监测管理技术平台是指环境监测管理部门综合运用实测法、物料衡算法和类比法等方法对污染源排污状况进行监测与核算的环境监管平台。该平台的建设，实现了排污单位污染物排放数据的准确公开，排污单位对其排放数据的真实性负责，对依法监测、科学监测、诚信监测起到了一定的监督与促进作用,切实保障了环境监测数据质量,提高了环境监测数据的公信力和权威性,促进了环境管理水平的全面提升。

排污权交易技术平台的建设,为排污权交易试点项目的开展提供了强大的技术保障和支撑,充分表明了开展排污权交易工作的技术可行性。

4.1.4 承德市排污权交易机制构建及技术要点

4.1.4.1 承德市排污权交易机制总体思路

在现行排污权管理和交易的法律法规及制度体系下,遵循自愿、公平、有利于环境质量改善和优化环境资源配置的原则,以促进承德市社会经济和环境协同发展,寻求解决承德市的生态保护和经济发展间的矛盾为目标,把握排污权交易前、排污权交易中以及排污权交易后的整体过程,细化建立承德市排污权交易制度。承德市排污权交易体系框架见图 4-1。

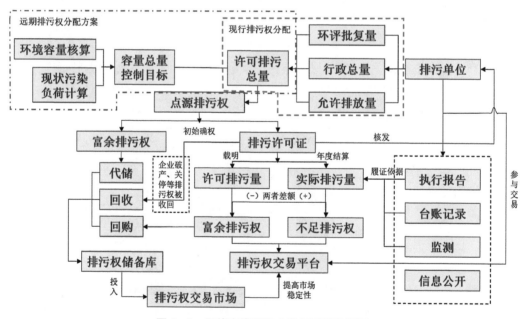

图 4-1 承德市排污权交易机制思路框架

4.1.4.2 承德市排污权交易机制交易原则

依据国务院印发的《国务院办公厅关于进一步推进排污权有偿使用和交易试点工作的指导意见》(国办发〔2014〕38 号)以及河北省人民政府印发的《河北省主要污染物排放权交易管理办法(试行)》《河北省排污权有偿使用和交易管理暂行办法》,遵循自愿、公平、有利于环境质量改善和优化环境资源配置的原则,按照初始排污权核定和分配、排污权储备、排污权交易、交易后管理的框架与步骤,细化制定承德市排污权交易规则。

4.1.4.3　承德市排污权交易机制技术要点

1.初始排污权核定和分配

(1)初始排污权。初始排污权是指现有排污单位经承德市环境保护主管部门核定和分配取得的向环境排放重点污染物种类和数量的权利。

(2)区域可分配排污权。区域可分配排污权是指承德市区域内可分配给现有排污单位的排污权。以本行政区域现有排污单位主要污染物排放总量控制目标为依据,扣除移动源、分散式生活源、非规模化畜禽养殖农业源排放量以及政府预留排污权后,作为本行政区域可分配排污权。

(3)初始排污权分配(分配思路见图4-2)。对于已制定重点污染物排放绩效值的行业,按照绩效值核算重点污染物排放量,与排污单位建设项目环境影响评价文件批复的总量指标及从区域落实到排污单位的总量控制指标进行比较后,取小值作为现有排污单位的初始排污权。对于未制定重点污染物排放绩效值的行业,根据国家或地方现行的排放标准、排放废水量核算重点污染物排放量。其中,工业企业废水排入集中式污水处理厂的,其排污权按集中式污水处理厂执行的排放浓度标准和单位产品基准排水量核算

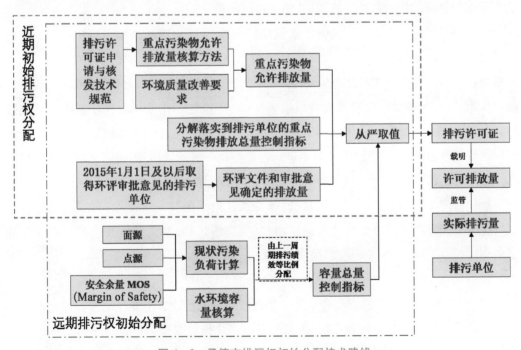

图4-2　承德市排污权初始分配技术路线

重点污染物排放量。排放量核算结果与环境影响评价文件批复的总量指标及从区域落实到排污单位的总量控制指标进行比较后,取小值作为现有排污单位的初始排污权。对于建设项目环境影响评价文件或经批复的环境影响评价报告未明确重点污染物排放总量指标的,其初始排污权以排放绩效值或排放标准确定。已通过有偿方式获得排污权的现有排污单位,其排污权指标大于按上述要求核定的排污权指标时,初始排污权按照有偿取得的指标取值。远期情境下,可考虑在水环境容量计算的基础上,通过现状污染负荷计算,核定区域基于环境容量的总量控制指标,并作为排污权单位初始排污权分配的依据之一,强化排污单位排污许可与环境质量的直接联系。

2. 排污权储备

排污权储备是针对富余排污权进行的,包括下述 3 类:初始排污权核定和分配后的预留量、排污权交易管理机构回购或回收的排污权、政府投入资金进行污染治理形成的富余排污权。承德市政府应当安排财政资金,建立排污权储备制度,将储备排污权适时投放市场,重点支持战略性新兴产业、重大科技示范等项目建设。

对于储备排污权的登记,县级排污权储备管理机构对可储备的排污权进行核定,将相关佐证材料报同级环境保护主管部门确认后,报市级排污权储备管理机构。市级排污权储备管理机构储备排污权的,由其直接将相关佐证材料报市级环境保护主管部门。市级排污权储备管理机构对辖区内拟储备的排污权进行确认后将结果反馈至县级环境保护主管部门和排污权储备管理机构,并报送市级环境保护主管部门。

储备排污权的核定方式可按储备来源进行核算。① 对于初始排污权核定和分配后的预留量,可在区域可分配排污权核定及排污单位初始排污权分配后,取两者差值作为储备的排污权。② 对于排污权交易管理机构回购或回收的排污权核定,根据回购或回收的对象单位,由其重点污染物排放绩效值核算排放量,与环评批复的总量指标进行比较后,取小值作为核定结果;或根据国家、地方现行的排放标准及污水排放量核定需回购或回收的排污权。③ 对于政府投入资金进行污染治理形成的富余排污权,其核定方式可分为点源和非点源两种。对于投入资金治理点源污染形成的富余排污权,如污水处理厂提标改造项目产生的富余排污权,可通过设施升级改造后的排放标准及排放量核定;对于投入资金治理非点源污染形成的富余排污权,如退耕还林、畜禽养殖改造等项目产生的富余排污权,可通过非点源环境容量核算方式进行核定。

3. 排污权交易

(1)排污权交易的出让方与受让方。排污权交易的出让方主要包括拥有排污权储备指标的承德市排污权交易管理机构、合法拥有可出让排污权指标的排污单位。排污权交易的受让方主要包括因实施新建、改建、扩建项目或为满足区域总量控制要求需要新增排污权指标的排污单位,对排污权指标进行回购的承德市排污权交易管理机构,以及支持污染减排出资购买排污权指标的民间团体等。

(2) 排污权交易平台。排污权交易应当在承德市公共资源交易中心进行,交易中心负责提供交易的场所、设施及相关服务。

(3) 排污权交易定价。排污权有偿使用和交易试点期间,交易价格由交易双方协商或通过公开拍卖方式确定,但不得低于省价格、财政、环境保护主管部门制定的排污权交易指导价格。根据河北省 2018~2020 年度主要污染物排放权交易基准价格的通知,2018~2020 年度主要污染物排放权交易基准价格为:二氧化硫 5 000 元/t,氮氧化物 6 000 元/t,化学需氧量 4 000 元/t,氨氮 8 000 元/t。根据河北省 2021~2025 年度主要污染物排放权交易基准价格的通知,2021~2025 年度主要污染物排放权交易基准价格为:二氧化硫 7 500 元/t、氮氧化物 9 000 元/t、化学需氧量 6 000 元/t、氨氮 12 000 元/t。

(4) 排污权交易流程。排污权交易程序主要包括以下环节:① 排污单位在市公共资源交易中心的指导下,向承德市生态环境局排污权交易管理部门提出交易申请,并提供证明材料;② 承德市生态环境局排污权交易管理部门对交易的主体资格、拟交易排污权指标进行审核、确认;③ 承德市生态环境局排污权交易管理部门将经审核确认可出让的排污权信息在承德市公共资源交易中心公开发布;④ 交易双方在交易中心进行交易,交易完成后,交易中心出具交易凭证并报环境保护主管部门备案。

(5) 排污权交易模式。① 点对点交易模式。此交易模式适用于企业与企业之间的排污权交易,在点对点的交易模式中,承德市公共资源交易中心承担媒介作用,经出让方申请、受让方申请、承德市公共资源交易中心的匹配与介绍,推进交易双方平等协商排污权交易的相关事宜,并签订交易合同,更新排污权许可证等。该交易模式技术路线图见图 4 - 3。② 公开拍卖交易模式。此交易模式适用于政府与企业之间的排污权交易,也包括在点对点交易模式中达成协商一致的排污权出让与受让企业。公开拍卖交易模式中,承德市公

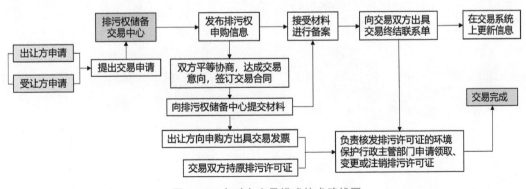

图 4 - 3　点对点交易模式技术路线图

共资源交易中心承担了以政府为主体的排污权出让方的职能,根据社会经济发展需求参与到排污权的出售与购入过程中。该交易模式技术路线图见图4-4。

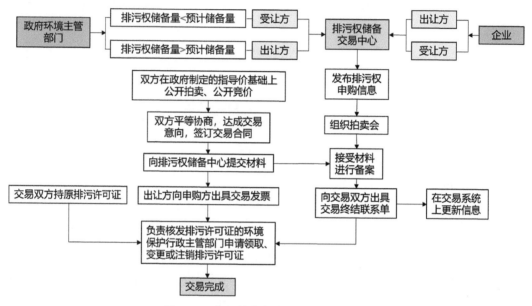

图4-4 公开拍卖交易模式技术路线图

4. 排污权交易后管理

(1)排污许可证变更。交易生效后,排污单位按规定及时办理排污许可证变更登记手续。

(2)排污权使用年限。排污权有效期限与国民经济和社会发展规划期一致,一般为5年。排污权有效期满需要延续的,排污单位应当按照环境保护主管部门重新核定的排污权,继续缴纳排污权使用费。

(3)排污权使用和监管。排污单位应严格按照排污许可证的相关要求使用排污权。即排污单位在生产经营中排放污染物时,应在种类、数量、排放位置(排放口)、排放时段、排放方式、浓度限值等方面符合排污许可证的相关管理要求。

(4)交易资金的管理。排污权出让收入属于政府非税收入,应全额上缴国库,纳入财政预算管理,统筹用于污染防治,任何单位和个人不得截留、挤占和挪用。

4.1.5 承德市排污权交易示范案例

4.1.5.1 示范单位概况

本次排污权交易的示范单位为承德环能热电有限责任公司(图4-5)。该公司位于承德市南郊太平庄村南,占地约 108 亩,建设 2×75 t/h 垃圾与秸秆混烧的循环流化床垃圾焚烧锅炉,配 2×12 MW 凝汽式抽汽供热汽轮发电机组,日处理垃圾量 800 t/d,年处理秸秆量 10.98 万 t/a,年供热量 91.10×10^4 GJ/a,年供电量 1.5×10^8 kWh/a。

图 4-5　环能热电有限责任公司(项目组调研时拍摄)

示范单位新建项目情况:该单位新建项目主要在承德环能热电有限责任公司厂区内建设 1 台 500 t/d 机械炉排焚烧炉及其配套工程,日处理生活垃圾 500 t/d(年处理16.67 万 t/a),同时依托现有 2 台 12 MW 凝汽式抽汽供热汽轮发电机组发电。

根据《承德环能热电有限责任公司 4# 炉建设工程环境影响报告书》,新项目建设后,COD 和 NH_3-N 年新增排放量分别为 344.020 t/a 和 2.430 t/a,需对新建项目新增主要污染物进行总量核定和排污权交易。故选取该单位新建项目的排污权交易工作作为本次示范的排污权交易案例。

4.1.5.2　排污权交易的主体与交易模式

在本次排污权交易示范中,承德市公共资源交易中心代表政府作为排污权的出让方,承德环能热电有限责任公司作为排污权的受让方。

本次排污权交易示范采用政府与企业之间的交易模式,承德市公共资源交易中心承担以政府为主体的排污权出让方的职能,根据受让方即承德环能热电有限责任公司的交易需求,参与到排污权的出售与购入过程中。

4.1.5.3　排污权交易的来源

在本次排污权交易示范中,所交易的排污权属于政府储备的排污权。储备的排污权主要包括以下 3 种:

① 初始排污权核定和分配后的预留量;

② 排污权交易管理机构回购或回收的排污权；

③ 政府投入资金进行污染治理形成的富余排污权。

在本次交易示范中，用于交易的储备排污权属于政府投入资金进行污染治理和项目改造形成的富余排污权。其中，COD 的消减源为 2017 年承德市滦平德龙污水处理有限责任公司减排项目产生的富余排污权，经核算，项目产生 COD 减排量共 1 027.76 t；NH_3-N 的消减源为 2017 年承德市中保水污有限公司减排项目产生的富余排污权，经核算，项目产生 NH_3-N 减排量共 23.66 t。

4.1.5.4 排污权定价

交易发生期间，根据河北省 2018～2020 年度主要污染物排放权交易基准价格的通知，2018～2020 年度主要污染物排放权交易基准价格为：化学需氧量 4 000 元/吨，氨氮 8 000 元/吨。

4.1.5.5 排污权交易的流程

1. 扩建项目环境影响评价

根据《河北省排污权核定和分配技术方案》(冀环办〔2015〕268 号)，初始排污权的核定和分配实行分级管理。总装机容量 30 万 kW 及以上的火力发电和热电联产现有排污单位的初始排污权由省环境保护主管部门负责；其他现有排污单位中按照排污许可分级管理有关规定，由省及设区市〔含省直管县(市)〕环境保护主管部门负责审批排污许可证的单位(总装机容量 30 万 kW 及以上的火力发电和热电联产现有排污单位除外)的初始排污权由设区市〔含省直管县(市)〕环境保护主管部门负责，其他现有排污单位初始排污权由县(市、区)环境保护主管部门负责。排污单位自行或委托第三方机构编制初始排污权核算技术报告，向环境保护主管部门提出申请，并提交相关证明材料。环境保护主管部门负责组织对现有排污单位提交的材料进行审核，审核结果书面通知排污单位并予以公示。

承德环能热电有限责任公司的 4 # 炉建设工程建设性质属于扩建项目，其扩建项目环境影响评价的过程中已对初始排污权进行了核定，故通过环评工作核定允许排放总量控制指标的同时，也确定了扩建项目的初始排污权数额。在环评工作中，根据生态环境部(原环境保护部)《关于印发〈建设项目主要污染物排放总量指标审核及管理暂行办法〉的通知》(环发〔2014〕197 号)和河北省生态环境厅(原环境保护厅)文件《关于进一步改革和优化建设项目主要污染物排放总量核定工作的通知》(冀环总〔2014〕283 号)的要求，核定允许排放总量控制指标。核定结果如表 4-1 所示。

表 4-1　扩建项目污染物排放总量控制指标

核算方法	来源	污染因子	核算值 (mg/L)	废气/水量 (t/a)	污染物排放量 (t/a)	来　　源
按预测值 进行核算	废水	COD NH₃-N	— —	295 325	344.02 2.43	按照《污水综合排放标准》(GB8978—1996)中的三级标准,承德市城市污水处理厂入水标准
按标准值 进行核算	废水	COD NH₃-N	50 5	295 325	14.766 1.476 6	按照《城镇污水处理厂污染物排放标准》(GB18919—2002)一级 A 标准核算

核定结果表明:环能热电有限责任公司建设项目 COD 和 NH_3-N 年新增排放量为:344.02 t/a、2.43 t/a;经污水厂处理后最终入河年排放量为 14.766 t/a、1.476 6 t/a。

2. 提出排污权交易申请

通过环评工作核定允许排放总量控制指标并获得审批后,排污权受让方即承德环能热电有限责任公司向承德市生态环境局双桥区分局提出排污权交易申请,填写《承德市主要污染物排放权交易申请表(试行)》。申请表内容包括:

① 申请单位基本情况;

② 建设项目基本情况;

③ 受让排污量申请;

④ 总量审核意见。

3. 主要污染物总量指标确认

在接到承德环能热电有限责任公司排污权交易申请后,承德市生态环境局双桥区分局对其进行初审,同时上报承德市生态环境局进行总量指标核定,其内容如下(下述表格内容中部分信息省略,用"—"代替):

(1) 项目建设的相关信息(见表 4-2)

表 4-2　项目建设信息表

项目名称	承德环能热电有限责任公司 4♯炉建设工程		
建设单位	承德环能热电有限责任公司		
建设地点	承德环能热电有限责任公司厂区内		
法人代码	—	法定代表人	—
环保负责人	—	联系电话	—
行业代码	—	行业类别	其他电力生产
省重点项目	是 □　否 □	省重点项目类别	—

建设性质	新建 □　改扩建 □技改 □	计划投产日期	2020 年 12 月
主要产品	电力	年产量	发电 1.2 亿 kW·h
环评单位	—	环评审批单位	—

主要建设内容：
根据《承德环能热电有限责任公司 4#炉建设工程环境影响报告书》内容所述，本项目主要在承德环能热电有限责任公司厂区内建设 1 台 500 t/d 机械炉排焚烧炉及其配套工程，处理生活垃圾 500 t/d（年处理 16.67 万 t/a），同时依托现有 2 台 12 MW 凝汽式抽汽供热汽轮发电机组发电。
污染防治措施：—

（2）建设项目投产后预计新增主要污染物排放量（见表 4-3）

表 4-3　预计新增主要污染物排放量　　　　　　（单位：t/a）

污染因子	污染物类型	排放量	执行排放标准	排 放 去 向
废水	化学需氧量	344.020	《污水综合排放标准》(GB8978—1996)中的三级标准，同时满足承德市城市污水处理厂入水标准	承德市污水处理厂（该企业执行《城镇污水处理厂污染物排放标准》(GB18918—2002)一级 A 标准）
	氨氮	2.430	《生活垃圾焚烧污染控制标准》GB18485—2014)中相关排放标准	

（3）新增主要污染物总量指标置换方案（见表 4-4）

表 4-4　新增主要污染物总量指标置换方案

根据《承德环能热电有限责任公司 4#炉建设工程环境影响报告书》内容所述，本项目主要在承德环能热电有限责任公司厂区内建设 1 台 500 t/d 机械炉排焚烧炉及其配套工程，处理生活垃圾 500 t/d（年处理 16.67 万 t/a），同时依托现有 2 台 12 MW 凝汽式抽汽供热汽轮发电机组发电，根据环评报告和企业申请，只对该续建项目新增主要污染物部分进行核定总量和交易，具体情况如下：
废水主要污染物：本项目新增废水主要为本次改扩建项目涉及的垃圾渗滤液、垃圾卸料平台冲洗废水、垃圾通道、垃圾车冲洗水、生活污水、车间清洁废水等，生活污水经厂区内化粪池处理，化学制备废水和循环冷却水全部通过市政管网排入承德市污水处理厂，其他废水经厂区内渗滤液处理站后通过市政管网排入承德市污水处理厂（企业已同该污水厂签订了接收处理协议）。COD 和 NH₃-N 年新增排放量分别为 344.020 t 和 2.430 t，因本项目属于"鼓励类"项目，按照"减一增一"原则分别调剂 344.020 t COD 和 2.430 t NH₃-N。
COD 削减源为：2017 年滦平德龙污水处理有限责任公司减排项目，COD 减排量 1 027.76 t（剩余 917.36 t），将其中 344.020 t 调剂给本项目。
NH₃-N 削减源为：2017 年承德市中保水务有限公司减排项目，NH₃-N 减排量 23.66 t（剩余 3.14 t），将其中 2.430 t 调剂给本项目。
综上，共计调剂给本项目 344.020 t COD 和 2.430 t NH₃-N，按此新增排放量进行交易。该项目运营后，控制本项目 COD、NH₃-N 年新增排放量分别在 344.020 t、2.430 t。

4. 签订排污权交易合同

经承德市生态环境局审核,同意承德环能热电有限责任公司 4♯炉建设工程总量指标和调剂方案后,由承德市生态环境局填写《承德市主要污染物排放权交易申请表(试行)》总量审核意见,同意申请单位的主要污染物总量调剂和交易。在排污权交易申请和总量指标确认均审核通过后,承德环能热电有限责任公司便可与承德市公共资源交易中心签署《承德市主要污染物排放权交易合同》,合同内容如下所示(下述表格内容中部分信息省略,用"—"代替):

转让方:承德市公共资源交易中心　　　　受让方:承德环能热电有限责任公司
法人代表:——　　　　　　　　　　　　法人代表:——
联系电话:——　　　　　　　　　　　　联系电话:——
地址:——　　　　　　　　　　　　　　地址:——

依照《中华人民共和国合同法》、《河北省主要污染物排放权交易管理办法(试行)》(冀政〔2010〕158号)、《承德市主要污染物排放权交易管理规定(试行)》(承市政字〔2013〕90号)等相关规定,交易双方本着平等、自愿、互惠的原则,就主要污染物排放权交易,订立本合同。

第一条　转让方同意向受让方转让化学需氧量排放权,数量为 344.020 吨,单价为 4 000 元/吨,合计 1 376 080 元;氨氮排放权,数量为 2.430 吨,单价为 8 000 元/吨,合计 19 440 元;成交总价为 ¥1 395 520 元(大写:壹佰叁拾玖万伍仟伍佰贰拾元整)。

第二条　上述污染物排放权使用有效期限为五年。

第三条　付款方式

本合同自签订之日后 3 个工作日内,受让方将交易价款¥1 395 520 元(大写:壹佰叁拾玖万伍仟伍佰贰拾元整)作为出让金一次性缴入河北省非税收入管理局指定账户。

收款人:承德市财政局
开户银行:——
账　号:——

第四条　违约责任与争议解决

1. 受让方未按本合同规定支付交易价款的,交易机构将取消受让方本次交易的受让资格,并全额扣除其受让保证金,本合同终止。

2. 在合同执行过程中如发生争议,双方协商解决,协商不成可提交承德市仲裁委员会申请仲裁。

第五条　其他事项

1. 本合同由双发法人代表或授权代表人签字或加盖单位公章后生效。

2. 本合同正本一式四份,交易双方各二份。

转让方(盖章)　　　　　　　　　　　　受让方(盖章)
法人代表/委托代表人签字　　　　　　　法人代表/委托代表人签字
日期:——　　　　　　　　　　　　　　日期:——

合同签订完成之后,由排污权交易申请方即承德环能热电有限责任公司填写《承德市建设项目主要污染物排放权交易确认表(试用)》,并提交承德市公共资源交易中心进行确认,获得审批后按合同规定支付排污权交易费用。

5. 排污许可证变更

排污权交易合同签订和排污权费用支付完成之后,排污权受让方承德环能热电有限责任公司即获得相应的排污权数额,需对其排污许可证的许可排污量进行变更。由于该单位的4♯炉建设性质属于扩建项目,其排污权交易包含了初始排污权核定和分配过程,主要污染物排放权交易量即为该项目初始排污权核定和分配量,故在排污许可证的排污许可证变更部分,无须载明排污权交易的信息。

4.2 承德市级水资源与水环境综合管理规划(IWEMP) *

4.2.1 3E 融合规划体系构建思路和技术路线

4.2.1.1 构建思路

遵照"节水优先、空间均衡、系统治理、两手发力"的治水思路,节水是摆在我国水资源、水环境管理工作中一项重中之重的问题。特别是北方河流,水资源普遍呈现短缺的问题,因此,本研究考虑以"节水优先"为研究的基本遵循,在生态文明建设角度,统筹"三水"问题进行研究,设定 3E 融合的目标值研究思路,具体为:构建一个基于 ET 的闭合评价系统。通过对蒸散发量(ET)、水环境容量(EC)和生态服务(ES)的状况进行量化研究后,以 ET 为核心,确定可减少耗水类型及减少量 $ET_{减}$,核算减少的耗水量($ET_{减}$)能进入水体的量

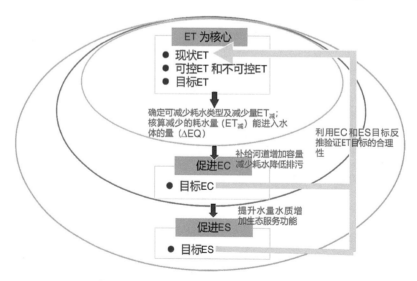

图 4-6 ET、EC 和 ES 之间的作用关系示意图

---

* 由吴波、陈岩、王强、李中华、王东、赵越、张国帅、白辉执笔。

（ΔEQ）。同时分析研究 ET 的变化对 EC 的影响，补给河道增加容量，减少耗水降低排污的效果。同时分析研究 ET 变化对 ES 的影响，提升水量水质可以增加生态服务功能的效果。再以 EC 和 ES 的自身要求反向验证目标 ET 的合理性，如果目标 ET 设置不合理，需要对目标 ET 进行调整，确保在满足地区生活用水需求下，最大化利于 EC 和 ES 向好发展。

4.2.1.2 IWEMP 研究的技术路线

本研究分别从水资源、水环境和水生态 3 个方面展开基础状况调查分析与评价，耦合 8 个计算模型研究得出现状 ET、EC 和 ES 结果。之后，按照不同的约束条件确定 ET、EC 和 ES 的目标值。针对研究区的特点和问题，以确定的 ET、EC 和 ES 的目标值为基础，结合基础管理需求，对研究区域未来发展的 ET、EC 和 ES 进行约束，制定了水资源、水环境与水生态 3 个方面对应的指标。预测研究区域规划年用水、排污等发展情况，并按照不同的方案评估效益，最终制定近期实施任务。IWEMP 研究的技术路线见图 4-7。

4.2.2 承德市滦河流域控制单元划分

结合国家开展的国控断面汇水范围（即控制单元）划定成果，将承德市滦河流域划分为 14 个控制单元，本规划有效衔接国家划定结果，以 14 个控制单元为基础，强化空间管控措施。各控制单元详细信息具体情况见表 4-5。

4.2.3 目标 ET、EC、ES 研究

现状年的研究结果表明，ET 主要受到降水量影响，降水量多的年份，总耗水量、可控和不可控 ET 也相应增加，降水量少的年份，相应减少。因此，在研究目标 ET 时以多年平均计算的 ET 结果作为参考进行分析。

4.2.3.1 ET、EC、ES 计算方法

1. ET 计算方法

蒸散发是流域水文-生态过程耦合的纽带，是流域能量与物质平衡的结合点，也是农业、生态耗水的主要途径。传统的 ET 计算如下，等于降水量与入境流量之和，再除去出境的水量得到。

$$ET = P + I - R$$

式中，ET 为总的蒸散发量；I 为入境流量；P 为流域多年平均降水量；R 为流域出境水量。

本研究中引入遥感模拟技术，这种技术可以使计算 ET 结果更加真实地反映研究区域地面上的特征，能够对 ET 结果进行实时动态监测，可以对种植结构不合理的区域进行

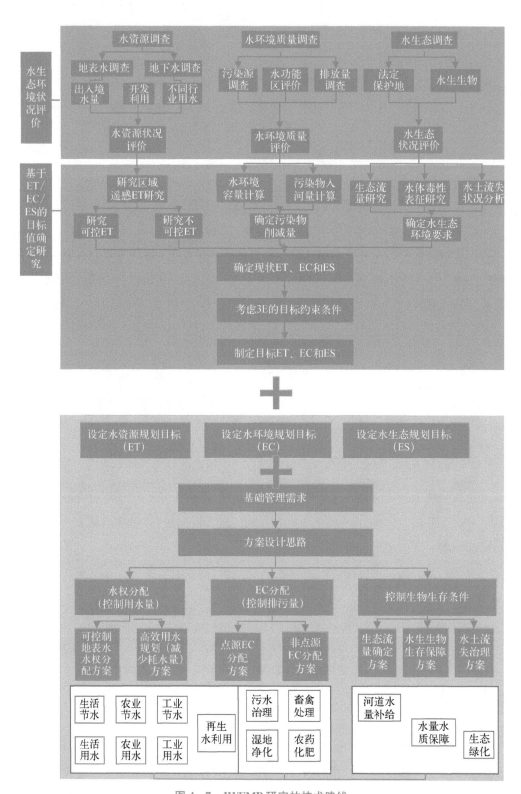

图 4-7　IWEMP 研究的技术路线

表 4-5　承德市滦河流域控制单元划分结果表

序号	控制单元名称	控制断面	流域面积（km²）	所在水体	县市区	乡　　镇
1	伊逊河李台控制单元	李台	6 815.77	伊逊河	隆化县	安州街道、汤头沟镇、张三营镇、蓝旗镇、步古沟镇、尹家营满族乡、庙子沟蒙古族满族乡、偏坡营满族乡、山湾乡、八达营蒙古族乡、西阿超满族蒙古族乡、白虎沟满族蒙古族乡
					滦平县	红旗镇、小营满族乡
					围场满族蒙古族自治县	半截塔镇、下伙房乡、燕格柏乡、牌楼乡、城子乡、石桌子乡、大头山乡
2	滦河大杖子（一）控制单元	大杖子（一）	5 093.22	滦河	承德县	上板城镇、甲山镇、六沟镇、三沟镇、东小白旗乡、鞍匠乡、刘杖子乡、新杖子乡、孟家院乡、八家乡、上谷镇、满杖子乡、石灰窑镇、五道河乡、岔沟乡、仓子乡
					双桥区	上板城镇
					平泉市	七沟镇
3	柳河三块石（26♯大桥）控制单元	三块石	999.23	柳河	鹰手营子矿区	铁北路街道、鹰手营子镇、北马圈子镇
					兴隆县	兴隆镇、平安堡镇、雾灵山乡
4	瀑河大桑园控制单元	大桑园	894.41	瀑河	宽城	宽城镇、龙须门镇、板城镇、化皮溜子镇
5	潘家口水库控制单元	潘家口水库	229.57	潘家口水库	宽城满族自治县	梓罗台镇、塌山乡、孟子岭乡、独石沟乡
6	潵河蓝旗营控制单元	蓝旗营	695.4	潵河	兴隆县	半壁山镇、蓝旗营镇、大水泉镇、南天门满族乡、三道河乡、安子岭乡
7	滦河郭家屯控制单元	郭家屯	8 701.67	滦河	隆化县	郭家屯镇
					丰宁满族自治县	万胜永乡、四岔口乡、苏家店乡、外沟门乡、草原乡
					围场满族蒙古族自治县	御道口镇、老窝铺乡、南山嘴乡、西龙头乡、塞罕坝机械林场、国营御道口牧场
8	滦河兴隆庄（偏桥子大桥）控制单元	兴隆庄	2 054.57	滦河	隆化县	太平庄满族乡、旧屯满族乡、碱房乡、韩家店乡、湾沟门乡
9	柳河大杖子（二）控制单元	大杖子（二）	1 310.45	柳河	鹰手营子矿区	寿王坟镇、汪家庄镇
					承德县	大营子乡
					兴隆县	北营房镇、李家营乡、大杖子乡

序号	控制单元名称	控制断面	流域面积（km²）	所在水体	县市区	乡　镇
10	武烈河上二道河子控制单元	上二道河子	4 041.03	武烈河	双桥区	狮子沟镇、双峰寺镇
					承德县	头沟镇、高寺台镇、岗子满族乡、磴上乡、两家满族乡、三家乡
					隆化县	韩麻营镇、中关镇、七家镇、荒地乡、章吉营乡、茅荆坝乡
11	瀑河党坝控制单元	党坝	2 794.39	瀑河	平泉市	平泉镇、杨树岭镇、小寺沟镇、党坝镇、卧龙镇、南五十家子镇、榇椤树镇、青河镇、王土房乡、道虎沟乡
12	滦河上板城大桥控制单元	上板城大桥	5 781.27	滦河	双桥区	西大街街道、头道牌楼街道、潘家沟街道、中华路街道、新华路街道、石洞子沟街道、桥东街道、水泉沟镇、牛圈子沟镇、大石庙镇、冯营子镇
					双滦区	钢城街道、元宝山街道、双塔山镇、滦河镇、大庙镇、偏桥子镇、西地镇、陈栅子乡
					滦平县	中兴路街道、滦平镇、长山峪镇、金沟屯镇、张百湾镇、大屯镇、付营子乡、西沟满族乡
					丰宁满族自治县	凤山镇、波罗诺镇、选将营乡、西官营乡、王营乡、北头营乡
13	青龙河四道河控制单元	四道河	497	青龙河	宽城满族自治县	汤道河镇、苇子沟乡、大字沟门乡、大石柱子乡
14	伊逊河唐三营控制单元	唐三营	5 219.94	伊逊河	隆化县	唐三营镇
					围场满族蒙古族自治县	围场镇、四合永镇、棋盘山镇、腰站镇、龙头山镇、道坝子乡、黄土坎乡、四道沟乡、兰旗卡伦乡、银窝沟乡、大唤起乡、哈里哈乡

调整，将遥感模拟得到的自然界蒸散发量与工业和生活中耗水的蒸散发量相加，得到总 ET 结果。

$$ET = ET_{自然} + ET_{工} + ET_{生}$$

式中，$ET_{自然}$ 为自然界的蒸散发量；$ET_{工}$ 为工业耗水中的蒸散发量；$ET_{生}$ 为生活耗水中的蒸散发量。

总 ET 还包括可控 ET 和不可控 ET。

$$ET = ET_{可控} + ET_{不可控}$$

式中，$ET_{可控}$ 为由于人类活动导致的蒸散发量；$ET_{不可控}$ 为流域内自然地物的蒸散发量。

其中,不可控 ET 即流域的不可控自然耗水量(ET$_{\text{不可控}}$),其与流域土地覆被类型密切相关,可以依据土地覆被的类型与性质灵活设置。以中国土地覆被数据为例,一级类包括林地、草地、水体湿地、耕地、居工地和其他地物类型。依据土地覆被类型,可以将流域内 ET$_{\text{不可控}}$进一步分解为:

$$ET_{\text{不可控}} = ET_{for} + ET_{gra} + ET_{wet} + ET_{fal} + ET_{urb} + ET_{bar}$$

式中,ET$_{for}$为由自然林灌植被产生的蒸散发量;ET$_{gra}$为由自然草地产生的蒸散发量;ET$_{wet}$为由水体湿地产生的蒸散发量;ET$_{fal}$为农田休耕时产生的蒸散发量;ET$_{urb}$为人工表面扣除流走后由降水产生的蒸散发量(如城镇不可控 ET);ET$_{bar}$为其他未利用地产生的蒸散发量。

$$ET_{urb} = (1 - \xi) \cdot P$$

式中,ξ 为产流系数;P 为降水量。根据刘家宏等在海河流域的研究结果,ξ 取值为 0.85。

2. EC 计算方法

污染物进入水体后,在水体的平流输移、纵向离散和横向混合作用,同时与水体发生物理、化学和生物作用,使水体中污染物浓度逐渐降低。为了客观描述水体污染物降解规律,可以采用一定的数学模型来描述,主要有零维模型、一维模型、二维模型等。根据控制单元水质目标、设计条件以及选择的模型,计算水环境容量。

根据水环境功能区的实际情况,环境容量计算一般用一维水质模型。对有重要保护意义的水环境功能区、断面水质横向变化显著的区域或有条件的地区,可采用二维水质模型计算。在模型计算时尤其是对于大江大河的水环境容量计算,必须结合混合区或污染带的范围进行容量计算。

对于河流而言,一维模型假定污染物浓度仅在河流纵向上发生变化,主要适用于同时满足以下条件的河段:① 宽浅河段;② 污染物在较短的时间内基本能混合均匀;③ 污染物浓度在断面横向方向变化不大,横向和纵向的污染物浓度梯度可以忽略。

如果污染物进入水域后,在一定范围内经过平流输移、纵向离散和横向混合后达到充分混合,或者根据水质管理的精度要求允许不考虑混合过程而假定在排污口断面瞬时完成均匀混合,即假定水体内在某一断面处或某一区域之外实现均匀混合,则不论水体属于江、河、湖、库的任一类,均可按一维问题概化计算条件。

若河段长度大于下式计算的结果时,可以采用一维模型进行模拟:

$$L = \frac{(0.4B - 0.6a)Bu}{(0.058H + 0.006\,5B)u_*}$$

$$u_* = \sqrt{gHJ}$$

式中，L 为混合过程段长度；B 为河流宽度；a 为排放口距岸边的距离；u 为河流断面平均流速；H 为平均水深；g 为重力加速度；J 为河流坡度。

在一个深的有强烈热分层现象的湖泊或水库中，一般认为在深度方向的温度和浓度梯度是重要的，而在水平方向的温度和浓度则是不重要的，此时湖泊水库的水质变化可用一维来模拟。

在忽略离散作用时，描述河流污染物一维稳态衰减规律的微分方程为：

$$u \frac{\mathrm{d}c}{\mathrm{d}x} = -Kc$$

将 $u = \frac{\mathrm{d}x}{\mathrm{d}l}$ 代入，得到

$$\frac{\mathrm{d}c}{\mathrm{d}t} = -Kc$$

积分解得：

$$C = C_0 \cdot e^{-Kx/u}$$

式中，u 为河流断面平均流速，m/s；x 为沿程距离，km；K 为综合降解系数，1/d；C 为沿程污染物浓度，mg/L；C_0 为前一个节点后污染物浓度，mg/L。

参数推求方法如下：

(1) 降解系数确定方法

污染物的生物降解、沉降和其他物化过程，可概括为污染物综合降解系数，主要通过水团追踪试验、实测资料反推、类比法、分析借用等方法确定。本研究主要采用实测资料反推法确定。

用实测资料反推法计算污染物降解系数，首先要选择河段，分析上、下断面水质监测资料，其次分析确定河段平均流速，利用合适的水质模型计算污染物降解系数，最后采用临近时段水质监测资料验证计算结果，确定污染物降解系数。

河段选择时，为减少随机因素对计算结果的影响，应尽量选择没有排污口、支流口的河段作为计算河段，这样可以排除入河污染物量和入河水量随机波动对水质监测结果的影响。

$$K = (\mathrm{Ln}\, C_1 - \mathrm{Ln}\, C_2) u / l$$

式中，C_1、C_2 为分别为河段上、下断面污染物浓度；L 为上下断面距离；u 为流速。

(2) 不同水期、最枯月之间降解系数关系

利用实测资料反推污染物降解系数时，要求河段无旁侧入流或旁侧入流可以忽略不计。为此，尽量选择无旁侧入流河段作为计算对象。但天然降雨径流对河段水质影响是

避免不了的,而这种影响在丰水高温期较为显著,在枯水农灌期和枯水低温期影响相对小一些。因此,对于汛期降雨量大且比较集中的河段,利用实测资料推算出的丰水高温期污染物降解系数误差较大,甚至是负值,不能采信。丰水高温期降解系数可以根据其他水期降解系数以及水温与降解系数之间关系确定。据多年流量资料统计分析,研究河段年最小流量多出现在枯水农灌期,根据水温与降解系数之间关系,确定最枯月降解系数同枯水农灌期降解系数。

国内外研究成果表明,水体温度高,降解系数大,且两者之间定量关系已经有较为可靠的研究成果,不同水温条件下 K 值估算关系式如下:

$$K_T = K_{20} \cdot 1.047^{(T-20)}$$

式中,K_T 为 T℃时的 K 值,d^{-1};T 为水温,℃;K_{20} 为 20℃时的 K 值,d^{-1}。

(3) 水环境容量具体方法

● 不考虑混合区的水环境容量

污染物进入河流后,在一定范围内经过平流输移、纵向离散和横向混合后达到充分混合,或者根据水质管理的精度要求允许不考虑混合过程而假定在排污口断面瞬时完成均匀混合,可按一维问题概化计算条件,建立水质模型。

河流一维水质模型由河段和节点两部分组成,节点指河流上排污口、取水口、干支流汇合口等造成河道流量发生突变的点,水量与污染物在节点前后满足物质平衡规律(忽略混合过程中物质变化的化学和生物影响)。河段指河流被节点分成的若干段,每个河段内污染物的自净规律符合一阶反应规律。

如图 4-8 所示,假定功能区内有 i 个节点,则将河流分成 $i+1$ 个河段。在节点处,要利用节点均匀混合模型进行节点前后的物质守恒分析,确定节点后的河段流量和污染物浓度。节点后的河段要以节点平衡后的流量和污染物浓度为初始条件,按照一维降解规律计算到下一个节点前的污染物浓度。

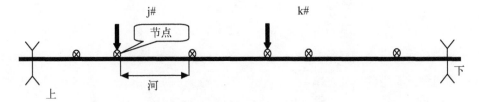

图 4-8　河流一维模型概化示意图

考虑干流、支流、取水口、排污口均在同一节点的最复杂情况,水量平衡方程为:

$$Q_{干流混合后} = Q_{干流混合前} + Q_{支流} + Q_{排污口} - Q_{取水口}$$

污染物平衡方程为(忽略混合过程的不均匀性):

$$C_{干流混合后} = \frac{C_{干流混合前} \cdot Q_{干流混合前} + C_{支流} \cdot Q_{支流} + C_{排污口} \cdot Q_{排污口} - C_{取水口} \cdot Q_{取水口}}{Q_{干流混合前} + Q_{支流} + Q_{排污口} - Q_{取水口}}$$

将 $C = C_i + \dfrac{W_i/31.54}{Q_i + Q_j}$ 代入模型,得到一维模型水环境容量的计算公式为:

$$W_i = 31.54 \times \left(C \cdot \exp\left(\frac{Kx}{86.4u} \right) - C_i \right) \cdot (Q_i + Q_j)$$

式中,W_i 为第 i 个排污口允许排放量,t/a;C_i 为河段第 i 个节点处的水质本底浓度,mg/L;C 为沿程浓度,mg/L;Q_i 为河道节点后流量,m³/s;Q_j 为第 i 节点处废水入河量,m³/s;u 为第 i 个河段的设计流速,m/s;x 为计算点到第 i 节点的距离,m。

3. ES 计算方法

(1)水生生物指标

浮游植物定量样品采集使用柱状采水器定量采集 1 L 水样。采集水面以下 0.5 m 左右亚表层样即可,或在下层加采一次,两次混合即可。定性样品的采集应在定量样品采集结束后进行。水样采集完毕,将网从水中提出,待水滤去,轻轻打开集中杯的活栓,使水样流入样品瓶中。现场以 1.5% 体积比加入鲁哥氏液或以 2% 体积比加入甲醛溶液进行固定;定性样品可不在现场进行样品固定,低温保存带回实验室后镜检。

大型底栖动物定量采集使用 D 形网、索伯网、采泥器、人工基质篮式采样器或十字采样器;定性采集使用 D 形网和踢网。

样品挑拣时,将采集的样品置于分样筛中,然后将筛底置于含清水的水桶或水盆中轻轻摇荡,洗去样品中的污泥,筛洗后挑出其中的杂质,将筛上肉眼可见的样品全部倒入白瓷盘中,加入适量清水。用镊子将样品逐一拣入装有浓度不低于 75% 的乙醇固定剂的样品瓶中固定,贴上样品标签。样品标本的挑拣周期不宜超过 2 d,且当日工作结束时应将待挑拣样品冷藏保存,并根据样品瓶中的样品情况及时更换固定剂(浓度不低于 75% 的乙醇)。

水生昆虫(摇蚊除外)及环节动物门蛭纲和多毛纲应至少鉴定到科;环节动物门的寡毛纲和节肢动物门昆虫纲摇蚊科幼虫应至少鉴定到属;软体动物应鉴定到种。鉴定过程中保留用于分类鉴定的凭证标本。

浮游动物中原生动物、轮虫和无节幼体定量样品采集方法同浮游植物定量样品。枝角类和桡足类定量样品,用 5 L 采水器采集水样,分层要求浮游植物的定量样品,经 25 号浮游生物网过滤浓缩后,将浓缩样装入 100 mL 采样瓶,并使用蒸馏水冲洗网内侧 2、3 次,将冲洗浓缩液也加入同一采样瓶中。采水量以 10~50 L 为宜,具体视浮游动物密度而定。浮游动物定性样品的采集应在定量样品采集结束后进行。原生动物和轮虫定性样品采集用 25 号浮游生物网,枝角类和桡足类定性样品采集使用 13 号浮游生物网。方法同浮游植物定性样品采集。

定性样品固定:原生动物定性样品可不加固定剂,冷藏保存,便于活体观察;其他浮游动物样品每 100 mL 水样加入 1 mL 福尔马林固定。定量样品固定:原生动物、轮虫和无节幼体样品按每 1 L 水样加入 10～15 mL 鲁哥氏液固定;枝角类和桡足类样品按每 100 mL 水样加入 4 mL 福尔马林固定。

鱼类的调查主要采用现场捕获、渔获物调查和补充调查 3 种方法。现场捕获法为主要采集方法,根据采样点生境状况选择适宜的采样方法和工具(撒网、地笼等)捕获鱼类。渔获物调查即直接从渔民、鱼贩处收集鱼类样本,了解鱼类的采集区域等信息。进行标本鉴定时,主要依据已出版的《中国动物志・硬骨鱼纲》各卷册、地方志及专志等。

评价方法方法如下:

水生生物指标的评价参照《河流水生态环境质量监测与评价指南》中的评价方法和分级评价标准。

Shannon - Wiener 多样性指数是利用生物群落结构的复杂多样程度来指示水环境质量状况的一种生物指数。

Shannon - Wiener 多样性指数反映了生物群落结构的复杂程度。其评价原理是基于以下原理建立:通常多样性指数越大,表示群落结构越复杂,群落稳定性越大,生态环境状况越好;而当水体受到污染时,某些种类会消亡,多样性指数减小,群落结构趋于简单,指示水质下降。

Shannon - Wiener 多样性指数结果按照以下公式计算:

$$H = -\sum_{i=1}^{s} \left(\frac{n_i}{n}\right) \log_2\left(\frac{n_i}{n}\right)$$

式中,H 为多样性指数;n 为大型底栖动物(藻类)总个体数;S 为大型底栖动物(藻类)种类数;n_i 为第 i 种大型底栖动物(藻类)个体数。

评价标准:$H \geqslant 3.0$,清洁;$2.0 \leqslant H < 3.0$,轻度污染;$1.0 \leqslant H < 2.0$,中度污染;$0 < H < 1.0$,重度污染;$H = 0$,严重污染。

Shannon - Wiener 多样性指数利用藻类或大型底栖的定量监测数据进行评价。多样性指数更适合于同一溪流或河流上下游监测点位之间的群落结构差异的评价,不适用于反映群落中敏感和耐污物种组成差异信息的评价。

大型底栖动物 BMWP 记分系统(Biological Monitoring Working Party Scoring System)

是利用不同大型底栖动物对有机污染有不同的敏感性/耐受性,按照各个类群的耐受程度给予分值,来评价水环境质量的一种生物指数。

BMWP 记分系统以大型底栖动物为指示生物,其评价原理是基于不同的大型底栖动物对有机污染(如富营养化)有不同的敏感性/耐受性,按照各个类群的耐受程度给予分值。按照分值分布范围,对水体质量状况进行评价。BMWP 分值越大表明水体质量越好。

BMWP 记分系统以科为单位,每个样品各科记分值之和,即为 BMWP 分值,样品中只有 1、2 个个体的科不参加记分。按照评价标准对监测位点的水环境污染状况进行评价。

BMWP 利用对大型底栖动物的定性监测数据进行记分评价,不需定量监测数据;且只需将物种鉴定到科,工作量少、鉴定引入的误差少。

Hilsenhoff 指数(Hilsenhott Biotic Index, HBI)或 BI(Biotic Index)生物指数利用不同的底栖动物对有机污染敏感性/耐受性不同,与不同类群出现的丰度信息对水环境质量状况进行评价的一种生物指数。HBI 分值越大表明水体质量越差。

Hilsenhoff 指数或 BI 生物指数结果按照以下公式计算:

$$HBI(BI) = \sum_{i=1}^{n} n_i t_i / N$$

式中,n_i 为第 i 个分类单元(通常为属级或种级)的个体数;N 为样本个体总数;t_i 为第 i 个分类单元的耐污值。(无法鉴定到属以下时,可采用科级耐污值计算。)

评价标准:$0 \leqslant HBI < 4.2$,清洁;$4.2 \leqslant HBI < 5.6$,良好;$5.6 \leqslant HBI < 7.0$,轻度污染;$7.0 \leqslant HBI < 8.4$,中度污染;$HBI \geqslant 8.4$,重度污染。

大型底栖动物生物学污染指数 Biology Pollution Index(BPI)利用大型底栖动物不同指示类群分布特征对水环境质量状况进行评价的一种生物指数。BPI 分值越大表明水体质量越差。

生物学污染指数的结果按照以下公式计算:

$$BPI = \frac{\lg(N_1 + 2)}{\lg(N_2 + 2) + \lg(N_3 + 2)}$$

式中,N_1 为寡毛类、蛭类和摇蚊幼虫个体数;N_2 为多毛类、甲壳类、除摇蚊幼虫以外的其他水生昆虫的个体;N_3 为软体类个体数。

BPI 指数评价标准:$BPI < 0.1$,清洁;$0.1 \leqslant BPI < 0.5$,轻污染;$0.5 \leqslant BPI < 1.5$,β-中污染;$1.5 \leqslant BPI < 5$,α-中污染;$BPI \geqslant 5$,重污染。

优势种的判定采用水生生物种类的优势度值来确定,$Y > 0.02$ 的种类为优势种。公式如下:

$$Y = \frac{n_i}{N} \times f_i$$

式中，Y 为水生生物优势度值；f_i 为第 i 种物种出现的频率；n_i 为种 i 的个体数；N 为所有种的个体总和。

(2) 生物毒性检测研究

① 藻类生长抑制毒性检测

实验生物为小球藻，检测过程为检测容器采用透明平底 24 孔板。第一列 4 个孔注入去离子水(空白对照)，其余 5 列每列注入 1 个水样(预实验)或同一水样的 1 个稀释梯度(正式实验)。每孔注入 2 mL 液体，再加入 10 μL 200 倍浓缩培养基储备液 1~4，共计注入 40 μL 培养基，混匀后培养基中成分浓度与藻种培养时基本相同。除去第一行用作背景值扣除的 6 个孔，其余每孔加入 20 μL 处于对数生长期的藻种，混匀后藻的初始密度约为 1.0×10^5 个/mL。加盖、封口后孔板置于与藻种培养相同的条件下培养。为减少水样的挥发，培养箱的湿度保持在 60%~70%。每隔 4~5 h，孔板中的藻液吹打均匀，使藻细胞悬浮生长。以上步骤均需在无菌条件下操作。

分别在 0、24 h 和 48 h，利用酶标仪测量孔板上藻液的光密度 OD_{680}。每孔的藻液密度应为该孔的 OD_{680} 减去第一行对应背景值孔的 OD_{680}。

② 大型溞运动抑制毒性检测

实验生物为大型溞。在预实验中，每个水样用未稀释的原水测试毒性，仅设置 1 个平行。每个烧杯或洁净皿中放入 100 mL 水样，再随机放入 10 只幼溞。在 25℃、16∶8(昼∶夜)光周期下暴露 48 h。期间不换水、不曝气、不喂食。48 h 后统计运动受抑制的幼溞数量。如果抑制率大于 50%，则水样需设置 5 个等对数间距稀释梯度。

在正式实验中，根据预实验结果，每个水样设置 1 个空白对照(稀释水)和 1 个原水梯度或 5 个稀释梯度。每个对照或处理设置 3 个平行。每个烧杯或洁净皿中放入 100 mL 液体，再随机放入 10 只幼溞。在 25℃、16∶8(昼∶夜)光周期下暴露 48 h。每隔 24 h，更换 80%~90% 暴露液体。暴露期间不曝气、不喂食。在实验开始后的 24 h 和 48 h 后统计运动受抑制的幼溞数量，并记录异常运动情况。在实验开始、结束和换液前后，测量、记录受试液体的温度、pH 和 DO 值。

毒性终点为运动抑制率 I。如果抑制率大于 50%，利用 Probit 法或 SK 法、TSk 法求得该样品对大型溞运动抑制的 48 h 半数运动抑制浓度 EC_{50}。抑制率越大或 EC_{50} 越小，表明水样对大型溞的运动抑制毒性越大。

③ 鱼类急性致死实验

实验鱼类为斑马鱼。在预实验中，每个水样用未稀释原水测试毒性，仅设置 1 个平行。每个烧杯中盛装 1 L 水样,再随机放入 10 尾幼鱼。在 25℃、16∶8(昼∶夜)光周期下暴露 96 h。期间不换水、不曝气、不喂食。96 h 后统计死亡幼鱼数量。如果死亡率大于 50%,则水样需设置 5 个等对数间距稀释梯度。

在正式实验中,根据预实验结果,每个水样设置 1 个空白对照(稀释水)和 1 个原水梯度或 5 个稀释梯度。每个对照或处理设置 3 个平行。每个烧杯盛装 1 L 受试液,再随机放入 10 尾幼鱼。在 25℃、16∶8(昼∶夜)光周期下暴露 96 h。每隔 24 h 更换 80%～90% 受试液。暴露期间不曝气、不喂食。在实验开始后的 24 h、48 h、72 h 和 96 h 统计死亡幼鱼数量,并记录异常运动情况。在实验开始、结束和换液前后,测量、记录受试液的温度、pH 和 DO 值。

毒性终点为幼鱼死亡率。如果死亡率人于 50%,可用 Probit 法或 SK 法、TSk 法求得该样品的 96 h 半数死亡浓度 LC_{50}。死亡率越大或 LC_{50} 越小,表明水样对青鳉鱼的致死毒性越大。

④ 稀有鮈鲫慢性毒性试验

试验生物:斑马鱼。养殖期间,水温控制在 26℃±2℃,光周期为 16∶8(光∶暗),每天定时定量投喂饲料。

试验方法:选择规格标准相近同一批斑马鱼进行试验,试验开始 24 h 前停止喂食,试验条件与养殖条件保持一致,实验周期为 14 d;试验采取半静态换水法,每 24 h 更换一次暴露水体,及时清除死亡的稀有鮈鲫和代谢物。设置 3 个平行,每个烧杯中倒入 2 L 原水,初始时放入稀有鮈鲫 10 个,每 24 h 观察记录死亡个体数,14 d 测定表征神经毒性指标乙酰胆碱酯酶(Acetylcholines terase,AChE)以及表征外源物质的氧化应激相关酶指标(SOD、GPx、GR、MDA、GST)等多个表征慢性毒性指标,采用了目前最为流行的综合指数法(IBRv2)进行统计分析。

(3)水土流失状况研究

水土流失是由水、重力和风等外营力引起的水土资源和生产力的破坏和损失,包括径流流失、土壤侵蚀和养分流失 3 部分,水土流失的本质是引起土壤理化性质变坏、肥力下降和土地利用率降低。降雨是径流形成的首要环节,降在地面上的雨水渗入土壤,当降雨强度超过土壤渗入强度时,产生地表积水并填蓄于坑洼,坑洼填满后即形成从高处向低处流动的坡面流,降雨产流后径流顺坡向下运动,形成土壤侵蚀,坡面土壤养分随侵蚀泥沙和径流携带流失。一般说来,坡度越大越易产生径流,导致水土流失。

河滩地种植导致的农业污染主要由于在种植中施用的化肥和农药,使得耕作层营养元素富集,在雨水的淋溶作用下,土壤中过量的氮、磷、钾等会溶解于水中,导致水质污染。污染的产生、迁移与转化过程,实质上是污染物从土壤圈向水圈扩散的过程。迁移过程主要包括两类：一是在降水、灌溉及排水过程中,污染物随水分向深层地下水下渗;二是当产生地表径流时,污染物向地表径流传递,并随径流和泥沙迁移进入受纳水体。

水土流失发生的直接因素在于土壤易发生侵蚀,滦河流域上游地区由于坡降较大、地质的原因,属于水土流失现象高发区,因此选取滦河上游(滦河干流上板城大桥断面以上)为重点研究区域进行分析。

土壤侵蚀的物理过程是结合了水文学、水力学、土壤学、河流泥沙动力学及相关学科原理,本研究采用修正通用土壤侵蚀评价模型 RUSLE(Revised Universal Soil Loss Equation),其方程如下:

$$A = R \cdot K \cdot LS \cdot C \cdot P$$

式中,A 为土壤流失量,$t/hm^2 \cdot a$;R 为降雨侵蚀力因子,$MJ \cdot mm/(hm^2 \cdot h \cdot a)$;$K$ 为土壤可蚀性因子,$t \cdot ha \cdot h/(ha \cdot MJ \cdot mm)$;$LS$ 为坡度坡长因子(无量纲);C 为植被覆盖与管理因子(无量纲);P 为水土保持措施因子(无量纲)。

随后计算地区土壤侵蚀的自然敏感性,参考《生态功能区划技术暂行规程》,选择 R、K、LS、C 因子对土壤侵蚀敏感性进行综合评价,参考相关研究对各因子的分级赋值标准,采用层次分析法(Analytic Hierarchy Process, AHP)确定各因子权重,利用 ArcGIS 进行叠加分析,并对结果进行分级,最终获得承德市土壤侵蚀敏感性分布图,敏感性计算公式如下:

$$SS_j = \sum_{i=1}^{4} C(i, j) w_i。$$

式中,SS_j 为第 j 空间单元土壤侵蚀敏感性指数;$C(i, j)$ 为敏感性因子水平;w_i 为因子权重。

为反映土壤侵蚀敏感性的稳定性或空间变异程度,进一步计算研究区土壤侵蚀敏感性指数的变异系数 CV,计算公式如下:

$$CV = \frac{\sqrt{\sum_{i=1}^{n} \frac{(SS_i - \overline{SS})^2}{n}}}{\overline{SS}}$$

式中,CV 为土壤侵蚀敏感性指数变异系数;SS_i 为第 i 期的土壤侵蚀敏感性指数;SS 为所有时期土壤侵蚀敏感性指数的平均值;n 为研究总时期数,$n=6$ 时,$i=1, 2, \cdots, 6$。

4.2.3.2 ET 计算结果

利用遥感 ET 技术研究区域总耗水量、可控和不可控 ET(见表 4-6～4-8)。

表 4-6　承德市滦河流域各控制单元 2001～2018 多年平均总耗水量

控制单元名称	自然界耗水量 （亿 m³）	工业耗水 （亿 m³）	生活耗水 （亿 m³）	总耗水量 （亿 m³）	总 ET （mm）
滦河郭家屯控制单元	22.792	0.026	0.034	22.852	474.10
滦河兴隆庄控制单元	6.003	0.008	0.017	6.028	520.84
伊逊河唐三营控制单元	13.831	0.029	0.062	13.921	481.94
伊逊河李台控制单元	18.934	0.031	0.062	19.027	498.63
武烈河上二道河子控制单元	11.631	0.024	0.040	11.694	512.51
滦河上板城大桥控制单元	16.730	0.272	0.198	17.200	522.82
滦河大杖子(一)控制单元	16.226	0.043	0.065	16.334	559.71
柳河三块石控制单元	3.346	0.042	0.020	3.408	591.16
柳河大杖子(二)控制单元	4.295	0.021	0.011	4.327	573.94
瀑河党坝控制单元	8.789	0.092	0.059	8.939	560.90
瀑河大桑园控制单元	2.820	0.102	0.025	2.947	573.73
潘家口水库控制单元	2.431	0.000	0.002	2.433	615.24
㵲河蓝旗营控制单元	4.637	0.011	0.005	4.652	589.92
青龙河四道河控制单元	2.653	0.026	0.005	2.683	587.23
承德市滦河流域	135.117	0.726	0.602	136.445	519.78

表 4-7　承德市滦河流域各控制单元 2001～2018 多年平均不可控 ET　　（单位：mm）

控制单元名称	湿地不可控 ET	耕地不可控 ET	人工表面不可控 ET
滦河郭家屯控制单元	375.7	373.6	70.1
滦河兴隆庄控制单元	467.3	478.7	79.7
伊逊河唐三营控制单元	376.8	432.4	75.8
伊逊河李台控制单元	424.0	449.6	81.4
武烈河上二道河子控制单元	426.6	460.3	87.0
滦河上板城大桥控制单元	419.6	486.0	91.5
滦河大杖子(一)控制单元	504.9	510.1	98.6
柳河三块石控制单元	576.5	518.5	104.0
柳河大杖子(二)控制单元	505.3	522.9	103.2
瀑河党坝控制单元	465.0	514.3	96.0
瀑河大桑园控制单元	424.8	511.1	106.3
潘家口水库控制单元	452.9	552.3	107.7
㵲河蓝旗营控制单元	544.7	548.6	107.0
青龙河四道河控制单元	515.4	545.6	103.1

表 4-8　承德市滦河流域各控制单元 2001～2018 多年平均可控 ET 对应耗水量

（单位：亿 m³）

控制单元名称	湿地可控 ET 耗水量	耕地可控 ET 耗水量	人工表面可控 ET 耗水量	工业可控 ET 耗水量	生活可控 ET 耗水量	总可控 ET 耗水量
滦河郭家屯控制单元	0.04	3.43	0.08	0.03	0.03	3.61
滦河兴隆庄控制单元	0.00	0.17	0.02	0.01	0.02	0.21
伊逊河唐三营控制单元	0.03	0.81	0.10	0.03	0.06	1.03
伊逊河李台控制单元	0.02	1.06	0.13	0.03	0.06	1.30
武烈河上二道河子控制单元	0.01	0.33	0.11	0.02	0.04	0.51
滦河上板城大桥控制单元	0.04	0.37	0.29	0.27	0.20	1.17
滦河大杖子（一）控制单元	0.02	0.36	0.16	0.04	0.06	0.65
柳河三块石控制单元	0.01	0.02	0.05	0.04	0.02	0.14
柳河大杖子（二）控制单元	0.01	0.03	0.04	0.02	0.01	0.11
瀑河党坝控制单元	0.01	0.19	0.12	0.09	0.06	0.47
瀑河大桑园控制单元	0.01	0.04	0.05	0.10	0.03	0.23
潘家口水库控制单元	0.20	0.01	0.02	0.00	0.00	0.23
㵚河蓝旗营控制单元	0.01	0.05	0.07	0.01	0.01	0.15
青龙河四道河控制单元	0.00	0.03	0.03	0.03	0.00	0.09
承德市滦河流域	0.42	6.87	1.27	0.73	0.60	9.89

4.2.3.3　目标 ET 设计

本研究参考 2020 年出台的《承德市推进全社会节水工作十项措施》和《承德市节水行动实施计划》。由于编制实施计划的时间是 2021 年，并不是基准年 2018 年，所以基准年后的规划方案可以作为参考依据。具体包括：到 2022 年，承德市万元国内生产总值用水量、万元工业增加值用水量较 2015 年分别累计下降 37% 和 36%，农田灌溉水有效利用系数提高到 0.744 以上，用水总量稳定控制在 9.1 亿 m³ 以内，其中农业用水控制在 6.2 亿 m³ 以内；到 2035 年，节水优先方针全面落实，健全的节水政策法规体系、完善的市场调节机制、先进的技术支撑体系全面形成，节水、护水、惜水成为全社会自觉行动，水资源节约和循环利用达到世界先进水平，节水型社会全面建成。

2025 年农业灌溉用水量在 3.35 亿 m³ 以内，工业用水量将控制在 0.85 亿 m³，相比 2018 年减少 0.23 亿 m³ 用水；2035 年两者分别为 2.34 亿 m³ 和 0.37 亿 m³，相比 2018 年减少 1.72 亿 m³ 用水。

研究 ET 减少的可行性发现，不可控 ET 很大程度不受人为控制，若要减少水量消耗需要着眼于可控 ET。人类生活需要保障，故而生活可控 ET 不能减少，湿地和人工表面减少不利于生态发展且难于实现,需要把减少的类别放在耕地可控 ET 和工业可控 ET 上。

2018 年耕地可控 ET 和工业可控 ET 的总量分别为 6.87 亿 m³ 和 0.73 亿 m³。按照 2025 年比 2018 年减少 0.23 亿 m³ 水,灌溉用水减少 1.5%,工业用水减少 17%,两者分别减少 0.1 亿 m³ 水;2035 年比 2018 年减少 1.72 亿 m³ 水,灌溉用水减少 31%,工业用水减少 64% 的要求设计目标。

2025 年目标设定:

(1) 农业灌溉节水集中在郭家屯控制单元,工业节水集中在上板城控制单元,共节水 0.23 亿 m³。通过遥感验证郭家屯控制单元可实现节水,节水地区主要在四道口乡、大滩镇和御道口乡,通过改变灌溉方式达到节水目标。上板城大桥工业节水潜力较大,通过承德钢铁企业节水可实现工业可控 ET 节水目标。结果见表 4-9。

表 4-9　基于节水优先的 2025 年目标 ET 设计方案一　　　　　(单位:亿 m³)

控制单元名称	不可控 ET 耗水量	湿地可控 ET 耗水量	耕地可控 ET 耗水量	人工表面可控 ET 耗水量	工业可控 ET 耗水量	生活可控 ET 耗水量
滦河郭家屯控制单元	19.25	0.04	3.29	0.08	0.02	0.034
滦河兴隆庄控制单元	5.81	0.00	0.17	0.02	0.01	0.023
伊逊河唐三营控制单元	12.90	0.03	0.8	0.10	0.02	0.069
伊逊河李台控制单元	17.72	0.02	1.04	0.13	0.02	0.069
武烈河上二道河子控制单元	11.18	0.01	0.33	0.11	0.02	0.046
滦河上板城大桥控制单元	16.03	0.04	0.36	0.29	0.15	0.206
滦河大杖子(一)控制单元	15.69	0.02	0.35	0.16	0.03	0.069
柳河三块石控制单元	3.28	0.01	0.02	0.05	0.03	0.023
柳河大杖子(二)控制单元	4.21	0.01	0.03	0.04	0.02	0.011
瀑河党坝控制单元	8.48	0.01	0.19	0.12	0.07	0.057
瀑河大桑园控制单元	2.73	0.01	0.04	0.05	0.08	0.023
潘家口水库控制单元	2.20	0.20	0.01	0.02	0	0.000
撒河蓝旗营控制单元	4.51	0.01	0.05	0.07	0.01	0.000
青龙河四道河控制单元	2.60	0.00	0.03	0.03	0.02	0.000
承德市滦河流域	126.56	0.420	6.76	1.270	0.6	0.628

(2) 郭家屯、李台和唐三营 3 个控制单元农业灌溉节水,工业节水集中在上板城控制单元,共节水 0.23 亿 m³。通过遥感验证李台和唐三营控制单元均能实现节水,节水区域分别在四道沟乡、银窝沟乡、汤头沟镇、蓝旗镇等区域,通过改变灌溉方式、再生水灌溉等方式实现节水目标。结果见表 4-10。

表 4-10　基于节水优先的 2025 年目标 ET 设计方案二　　（单位：亿 m³）

控制单元名称	不可控ET耗水量	湿地可控ET耗水量	耕地可控ET耗水量	人工表面可控ET耗水量	工业可控ET耗水量	生活可控ET耗水量
滦河郭家屯控制单元	19.25	0.04	3.35	0.08	0.02	0.03
滦河兴隆庄控制单元	5.81	0.00	0.17	0.02	0.01	0.02
伊逊河唐三营控制单元	12.90	0.03	0.78	0.10	0.02	0.07
伊逊河李台控制单元	17.72	0.02	1.03	0.13	0.02	0.07
武烈河上二道河子控制单元	11.18	0.01	0.33	0.11	0.02	0.05
滦河上板城大桥控制单元	16.03	0.04	0.37	0.29	0.15	0.21
滦河大杖子（一）控制单元	15.69	0.02	0.36	0.16	0.03	0.07
柳河三块石控制单元	3.28	0.01	0.02	0.05	0.03	0.02
柳河大杖子（二）控制单元	4.21	0.01	0.03	0.04	0.01	0.02
瀑河党坝控制单元	8.48	0.01	0.19	0.12	0.07	0.06
瀑河大桑园控制单元	2.73	0.01	0.04	0.05	0.08	0.02
潘家口水库控制单元	2.20	0.20	0.01	0.02	0	0.00
潵河蓝旗营控制单元	4.51	0.01	0.05	0.07	0.01	0.00
青龙河四道河控制单元	2.60	0.00	0.03	0.03	0.02	0.00
承德市滦河流域	126.56	0.420	6.76	1.270	0.6	0.63

4.2.3.4　目标 EC 设计

通过目标 ET 对减污的影响设计目标 EC，具体如下：

利用非点源遥感技术，模拟不同目标 ET 下对减污的影响，具体如下：

（1）2025 年：郭家屯灌溉节水，上板城工业节水

非点源遥感模型模拟水量减少后的郭家屯控制单元污染物入河量，相比 2018 年分别减少总氮 0.84 t，总磷 0.02 t 和氨氮 0.58 t（见表 4-11）。

表 4-11　方案一基于目标 ET 管控下郭家屯控制单元面源污染减少量　　（单位：t）

控制单元名称	减少的排放量			减少的入河量		
	总氮	总磷	氨氮	总氮	总磷	氨氮
郭家屯控制单元	16.72	0.41	11.61	0.84	0.02	0.58

（2）2025 年：郭家屯、李台和唐三营灌溉节水，上板城工业节水

非点源遥感模型模拟水量减少后的郭家屯控制单元污染物入河量，相比 2018 年分别减少总氮 0.1 t，总磷 0.002 t 和氨氮 0.07 t；李台控制单元分别减少总氮 0.2 t，总磷 0.004 t 和氨氮 0.13 t；唐三营控制单元分别减少总氮 0.02 t，总磷 0.000 3 t 和氨氮 0.01 t（见表 4-12）。

表 4-12　方案二基于 ET 管控下郭家屯单元面源污染减少量　（单位：t）

控制单元名称	排放量			入河量		
	总氮	总磷	氨氮	总氮	总磷	氨氮
郭家屯控制单元	8.74	0.18	5.54	0.10	0.002	0.07
李台控制单元	8.12	0.15	5.14	0.20	0.004	0.13
唐三营控制单元	0.83	0.01	0.53	0.02	0.000 3	0.01

在方案一中，郭家屯的流量增大到 0.9 m³/s，郭家屯控制单元的氨氮和总磷入河量将减少，通过水质模拟计算，允许排放量将改变（见表 4-13 和图 4-9）。

表 4-13　滦河流域各控制单元目标 ET 方案一下的允许排放量　（单位：kg/d）

控制单元名称	COD	氨　氮	总　磷
滦河郭家屯控制单元	3 422.52	150.96	−87.16
滦河兴隆庄控制单元	2 308.07	115.92	244.91
伊逊河唐三营控制单元	−37.44	3.87	−123.54
伊逊河李台控制单元	−143.61	1.84	−117.62
武烈河上二道河子控制单元	2.76	0.31	0.83
滦河上板城大桥控制单元	133.81	42.93	−105.33
滦河大杖子(一)控制单元	37.46	20.55	−53.22
柳河三块石控制单元	1 175.21	49.09	111.56
柳河大杖子(二)控制单元	54.44	1.71	1.40
瀑河党坝控制单元	53.81	1.90	−99.06
瀑河大桑园控制单元	−629.62	−12.48	−545.40
潘家口水库控制单元	−9.10	−0.15	−11.24
澈河蓝旗营控制单元	463.92	17.34	49.51
青龙河四道河控制单元	−52.79	−0.81	−42.62
承德市滦河流域	6 779.45	392.97	−776.96

与基线情况（见表 4-9）相比，方案一中 COD 的允许排放量增加到 2 倍以上，氨氮增加约 2 倍。与 2025 年初步设置的减少 25% 的排放量将比（见表 4-10），COD 和氨氮的允许排放量达到了 2025 年目标。

在方案二中，郭家屯、李台和唐三营的流量分别增大到 0.58 m³/s、0.38 m³/s 和 0.13 m³/s，3 个控制单元的氨氮和总磷入河量将减少，通过水质模拟计算，允许排放量将改变（见表 4-14 和图 4-10）。

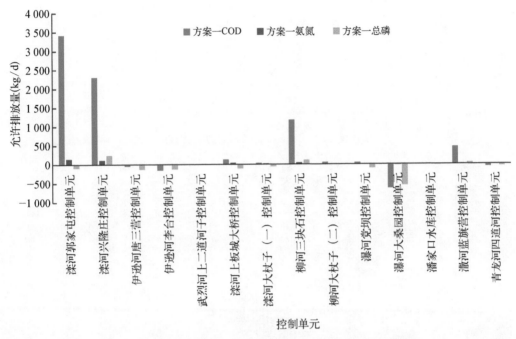

图 4-9　滦河流域各控制单元目标 ET 方案一下的允许排放量

表 4-14　滦河流域各控制单元目标 ET 方案二下的允许排放量　　（单位：kg/d）

控制单元名称	COD	氨氮	总磷
滦河郭家屯控制单元	2 205.62	97.28	−56.17
滦河兴隆庄控制单元	1 487.43	74.70	157.83
伊逊河唐三营控制单元	477.21	20.86	1.61
伊逊河李台控制单元	816.23	44.46	32.50
武烈河上二道河子控制单元	2.76	0.31	0.83
滦河上板城大桥控制单元	398.57	45.03	15.14
滦河大杖子(一)控制单元	37.46	20.55	−53.22
柳河三块石控制单元	1 175.21	49.09	111.56
柳河大杖子(二)控制单元	54.44	1.71	1.40
瀑河党坝控制单元	53.81	1.90	−99.06
瀑河大桑园控制单元	−629.62	−12.48	−545.40
潘家口水库控制单元	−9.10	−0.15	−11.24
潵河蓝旗营控制单元	463.92	17.34	49.51
青龙河四道河控制单元	−52.79	−0.81	−42.62
承德市滦河流域	6 481.16	359.80	−437.32

　　两种方案对比基线值，全流域 COD、氨氮和总磷的允许排放量都有增加，其中方案一的允许排放量大于方案二。与 2025 年定的减少 25% 排放量的目标相比，方案二更接近 2025 年的目标值。

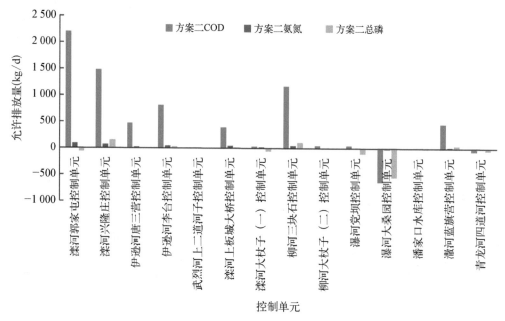

图 4‑10　滦河流域各控制单元目标 ET 方案二下的允许排放量

4.2.3.5　目标 ES 设计

1. 多年水生状况综合评估与形势变化分析

通过收集近 10 年来承德市滦河流域的水生态相关研究成果,对该区域的物理生境状况和水生生物状况与历史状态进行比较,可以发现承德市滦河流域的水生态系统状况整体呈现稳中向好趋势。

（1）水生生物多样性方面

水生生物多样性状况整体有改善趋势。

浮游植物多样性方面,2015 年承德市滦河流域浮游植物 Shannon‑Wiener 多样性指数各点位的平均值为 2.55,本项目浮游植物 Shannon‑Wiener 多样性指数各点位的平均值为 2.67,较 2015 年有所升高。

2015 年整个滦河干流的大型底栖动物种类数为 32 种,本次调查共采集 46 种,增加 14 种,其中节肢动物类群增加 11 种。

鱼类在近 10 年来种类数较历史状态略有下降。与 2011 年和 2015 年滦河流域 22 种鱼类相比,本项目采集鱼类减少 4 种。与 20 世纪 80 年代鱼类相比,本项目采集鱼类减少 10 种,这一定程度上与本次调查监测布设的点位较少有关系。

承德市滦河流域水生生物多样性普遍不高,特别是浮游动物用于水生态评价普遍处于中度和重度污染水平,鱼类与历史数据相比,种类损失较明显。部分水体物种单一,且多为耐污类群和中间类群,对水质要求较高的敏感类群在整个生物群落中所占比例较低。针对水生生物生存要求,整个流域各控制单元的水质状况存在污染问题。

（2）物理生境方面

2011年和2015年,对滦河干流的水文水资源状况进行调查,结果显示滦河干流的水文水资源状况健康状况很差。由于河流本身来水量减少,并且河流用水量不断增加,导致实测径流量远远小于天然还原径流量,生态流量保障程度差。

与历史状况相比,滦河干流的物理生境整体得到比较显著的改善,主要表现在河岸带状况和河流阻隔状况,如河岸带垃圾堆积存放、采砂取土情况、河岸带岸坡稳定性,以及植被覆盖情况得到提升,河流的连通状况有所改善。

承德市滦河流域的滦河干流及主要支流的水生态状况受到不同程度的破坏,周边人类生产活动、土地利用等对河道生态产生干扰,存在河道两侧开垦、河道侵占等现象。除了下游上板城大桥和大杖子(一)控制单元外,其他区域的生境状况较差,特别是滦河上游区域。由于受滦河干流和主要支流上游水土流失等影响,上游来水含沙量较大,局部河段河床被泥沙覆盖,同时由于河道河岸带等受损,河道水生态系统平衡受到不同程度的破坏,水体自净能力下降,影响鱼类等在水中摄取氧的能力,使生物多样性降低,影响水生态系统的稳定性。

2. 基于毒性的水体安全等级评估

滦河流域(承德段)4个断面结果表明目前4个断面水样未显示急性毒性和慢性毒性,此研究满足排水综合毒性管理要求,完成了3个不同营养级(包括藻类、溞类和鱼类)急性毒性测试和鱼类短期慢性毒性测试,当前急性毒性结果明显低于急性毒性基准值(0.3 TUa),慢性毒性测试结果显示低于慢性毒性基准值(1 TUc)。依据当前结果滦河流域(承德段)4个断面水样对于生物是相对安全的。

当前研究结果仅为单次测试结果,因此,不能得到绝对结论,依据综合毒性管控策略,提出以下建议:① 依据综合毒性管理条例,保障滦河水质和水生生物安全,需要多次综合毒性测试结果,开展有效评估,制定滦河流域综合毒性排放基准和标准;② 为保障滦河水质水生态安全,建议承德市定期(每年3次以上)开展综合毒性评估,保障滦河水生态安全;③ 为了综合毒性推广和应用,承德市可建立综合毒性管控基准和标准以及管控策略或条例,形成相应标准方法和标准。

3. 水土流失状况分析

以专家组现场调查和google earth地形图,筛选出滦河上游地区132处水土流失重点区域,涉及55个乡镇,其中,隆化镇有8处,凤山镇、外沟门乡、围场镇各有5处,韩家店乡、老窝铺乡、龙头山镇、南山咀乡、棋盘山镇、西龙头乡、小营满族乡、燕格柏乡、银窝沟乡各有 4 处，波罗诺镇、草原乡、付营子镇、郭家屯镇、金沟屯镇、旧屯满族乡、蓝旗镇、四岔口乡、太平庄满族乡、西地满族乡、西沟满族乡、腰站镇各有 3 处。具体情况详见表 4－15 和图 4－11。

表 4－15　滦河上游地区水土流失重点区域分布

乡 镇 名 称	水土流失重点区域数量	乡 镇 名 称	水土流失重点区域数量
隆化镇	8	碱房乡	2
凤山镇	5	偏坡营满族乡	2
外沟门乡	5	汤头沟镇	2
围场镇	5	唐三营镇	2
韩家店乡	4	白虎沟满族蒙古族乡	1
老窝铺乡	4	半截塔镇	1
龙头山镇	4	步古沟镇	1
南山咀乡	4	陈珊子乡	1
棋盘山镇	4	城子乡	1
西龙头乡	4	大头山乡	1
小营满族乡	4	大屯满族乡	1
燕格柏乡	4	蓝旗卡伦乡	1
银窝沟乡	4	滦平镇	1
波罗诺镇	3	偏桥子镇	1
草原乡	3	塞罕机械林场	1
付营子镇	3	山湾乡	1
郭家屯镇	3	石桌子乡	1
金沟屯镇	3	四道沟乡	1
旧屯满族乡	3	四合永镇	1
蓝旗镇	3	苏家店乡	1
四岔口乡	3	湾沟门乡	1
太平庄满族乡	3	万胜永乡	1
西地满族乡	3	西阿超满族蒙古族乡	1
西沟满族乡	3	西官营乡	1
腰站镇	3	尹家营满族乡	1
八达营蒙古族乡	2	张百湾镇	1
大庙镇	2	长山峪镇	1
哈里哈乡	2		

本研究利用土地类型数据掌握了研究区域由于水土流失问题造成的裸地面积，这些裸地若全部治理绿化，则需要耗水量见表 4－16。

图 4-11 土壤侵蚀模数重点区域分布图

表 4-16　承德市滦河流域各控制单元裸地绿化所需耗水量

控制单元名称	其他 ET(mm)	其他裸地所占面积(m²)
滦河郭家屯控制单元	344.64	44 750 000
滦河兴隆庄控制单元	369.43	2 125 000
伊逊河唐三营控制单元	376.41	9 875 000
伊逊河李台控制单元	385.69	38 500 000
武烈河上二道河子控制单元	344.53	32 250 000
滦河上板城大桥控制单元	351.31	30 500 000
滦河大杖子(一)控制单元	336.08	19 312 500
柳河三块石控制单元	356.35	7 250 000
柳河大杖子(二)控制单元	382.2	4 562 500
瀑河党坝控制单元	322.48	22 312 500
瀑河大桑园控制单元	368.02	6 375 000
潘家口水库控制单元	380.12	2 062 500
撒河蓝旗营控制单元	350.78	6 000 000
青龙河四道河控制单元	332.2	2 875 000
承德市滦河流域		

结果显示郭家屯、李台、上二道河子、上板城大桥、大杖子(一)和党坝控制单元治理水土流失问题所需的耗水量较大,若要全域治理绿化需要耗水量共 0.368 亿 m³。

4. 目标 ES 设计

目标 ET 和 EC 的设计可以提升流域的生态服务功能,对于滦河流域研究的生物多样性、毒性安全等级和水土流失状况后,提出 ES 的定性目标具体如下。

(1) 生物多样性方面,保障全流域水体生态流量、提高河流连通性状况。

(2) 无毒、提高水体安全级别——每 3 年监测综合毒性指标,促使不同季节水体急性慢性毒性均小于 0.3,制定滦河流域综合毒性排放基准和标准;水质达标。

(3) 加大上游水土流失治理。

根据目前滦河流域的裸地面积,设定 2025 年治理 30% 的水土流失面积,进行植树造林或种草,2035 年治理 80% 的水土流失面积,种草的耗水量较小,耗水量约为 0.06 亿 m³;若全部植树林,所需耗水量约为 0.16 亿 m³(见表 4-17)。

表 4-17　目标 ES 中水土流失治理所需耗水量　　　　　　　　　(单位:亿 m³)

控制单元名称	2025 年治理 30% 水土流失区域耗水量	2035 年治理 80% 水土流失区域耗水量
滦河郭家屯控制单元	0.012	0.032
滦河兴隆庄控制单元	0.001	0.002 4

（续表）

控制单元名称	2025 年治理 30％水土流失区域耗水量	2035 年治理 80％水土流失区域耗水量
伊逊河唐三营控制单元	0.003	0.007 2
伊逊河李台控制单元	0.011	0.030 4
武烈河上二道河子控制单元	0.017	0.044
滦河上板城大桥控制单元	0.016	0.042 4

目标 ES 中生物多样性和毒性的目标都是定性的结果，要求提高水质和保障水量，目标 ET 的结果是提高了河道的水量并减少了污染物排放量。

目标 ES 中水土流失治理中提出针对上游水土流失地区开展植树造林，则需要上游增加生态耗水量。从目标 ET 结果上看，改变了工业和农业的耗水量，人类活动耗水量的减少，可促进生态耗水量增加，无论上游种树或种草，生态水量增加都会有促进生态修复的作用，因此，目标 ET 设置合理。

4.2.4 基于 ET、EC 和 ES 目标值的滦河流域各控制单元水资源与水环境综合管理措施

1. 伊逊河李台控制单元

加强隆化县污水处理厂升级改造，深化脱氨除磷，进一步提升出水水质，强化配套管网建设及老旧污水管网改造，实施尾水人工湿地建设及中水回用工程；推进隆化县污泥处理处置；强化乡镇及农村生活污水垃圾收集处理，推进隆化县及围场县农药化肥减量施用；加强伊逊河生态河道清理、护地堤、生态护岸建设；严格防范伊逊河上游尾矿库环境风险。

2. 滦河大杖子（一）控制单元

推进承德县污水处理工程建设，强化承德县老旧污水管网改造；开展甲山建材物流园区污水处理项目建设；加强承德县、平泉市农药化肥减量施用；完成承德县天宝煤矿、四方萤石矿、弘鼎石料厂三家灭失地矿山治理。

3. 柳河三块石（26♯大桥）控制单元

推进鹰手营子矿区柳源污水处理厂升级改造，强化鹰手营子矿区、兴隆县主城区配套污水管网建设及雨污分流改造；开展鹰手营子矿区生活垃圾中转站及建筑垃圾填埋场建设；加强鹰手营子矿区、兴隆县农药化肥减量施用，推进兴隆县畜禽养殖粪污垃圾无害化处理；实施柳河生态环境综合治理，强化护岸工程、河道渗滤床、人工湿地等建设。

4. 瀑河大桑园控制单元

强化宽城县污水处理厂配套管网改造及生活垃圾处理处置建设，实施宽城镇、龙须

门镇、板城镇环卫一体化的垃圾收集转运模式;加强宽城县农药化肥减量施用及畜禽养殖粪污垃圾无害化处理;推进瀑河生态环境综合治理。

5. 潘家口水库控制单元

加强宽城县塌山乡、桲罗台镇等生活污水垃圾收集处理,强化农药化肥减量施用及畜禽养殖粪污垃圾无害化处理,实施桲罗台镇闾王河段及塌山乡清河段、潘家口水库环境综合治理。

6. 澈河蓝旗营控制单元

推进兴隆县半壁山镇给水排水工程建设,强化兴隆县半壁山镇、蓝旗营镇、大水泉镇、南天门满族乡、三道河乡、安子岭乡等乡镇农药化肥减量施用及畜禽养殖粪污垃圾无害化处理。

7. 滦河郭家屯控制单元

加强滦河干流和小滦河的河道生态修复与治理,强化水土流失综合整治,实施干流丰宁抽水蓄能电站段、郭家屯段、小滦河等河段生态治理,推进水源涵养林及水土保持林建设,加强清洁小流域建设,强化丰宁县兴洲河(凤山段)河道清淤;加强乡镇生活污水收集处理,实施郭家屯镇污水处理设施及配套管网建设,开展丰宁县外门沟乡、四岔口乡、苏家店乡、鱼儿山镇及大滩镇污水处理厂及配套管网建设。

8. 滦河兴隆庄(偏桥子大桥)控制单元

推进滦河干流生态综合整治,开展河道清淤疏浚、实施岸坡生态防护,新建拦沙坎,构建生态缓冲带,加强岸坡绿化;推进乡镇生活污水处理,实施隆化县韩家店、湾沟门乡、旧屯乡、碱房乡等污水处理站及配套网管建设。

9. 柳河大杖子(二)控制单元

强化兴隆县柳河水生态环境综合整治,开展河道清淤、生态护岸、生态渗滤坝、滨河生态缓冲带构建等;推进鹰手营子矿区寿王坟镇、汪家庄镇、承德县大营子乡、兴隆县北营房镇、李家营乡、大杖子乡农药化肥减量施用及畜禽养殖粪污垃圾无害化处理。

10. 武烈河上二道河子控制单元

推进双桥区双峰寺至太平庄污水主干管道建设;严防饮用水环境风险,强化双峰寺水源地保护区水源涵养及规范化建设;开展武烈河河道生态修复,实施柳松沟、田家营、刘家沟等生态清洁小流域综合治理。

11. 瀑河党坝控制单元

强化平泉县城老旧污水管网改造及雨污分流,实施南城区及乡镇学校污水处理项目建设;推进平泉县农药化肥减量施用及畜禽养殖粪污垃圾无害化处理;加强瀑河黑山口段、小寺沟桥至党坝断面、支流卧龙岗川等河道综合整治。

12. 滦河上板城大桥控制单元

加强主城区生活污水收集处理,实施太平庄污水处理厂三期及双滦区第二污水处理厂建设,加强配套管网建设、雨污分流及老旧管网改造;强化生活及建筑垃圾处理处置,推进双桥区、双滦区、高新区建筑垃圾处理,实施承德环能热电有限责任公司4#垃圾焚烧炉建设工程;推进滦平县乡镇生活污水收集处理;加强滦河干流河道生态环境治理,建设护岸、河道垃圾清理、清淤平整等;加强双滦区饮用水水源保护区环境治理,保护区进行封闭围挡,实施保护与恢复等。

13. 青龙河四道河控制单元

强化农村生活污水垃圾收集处理处置,推进宽城县碾子峪镇、峪耳崖镇农村生活污水治理设施建设,加强运营维护;推进宽城县汤道河镇、苇子沟乡、大字沟门乡、大石柱子乡农药化肥减量施用及畜禽养殖粪污垃圾无害化处理。

14. 伊逊河唐三营控制单元

强化围场县城区污水配套管网建设及老旧管网改造,建设围场县污水处理厂尾水人工湿地;推进畜禽养殖粪污垃圾无害化处理;强化伊逊河上游尾矿库风险防范。

4.2.5 保障措施

1. 加强组织领导

全面落实"党政同责""一岗双责"。承德市委市政府、滦河流域内各区县政府是本行政辖区滦河流域生态环境保护的第一责任人,要坚决担负起保障滦河生态环境保护的责任。各相关部门要履行好生态环境保护职责,按照"一岗双责"的要求抓好落实。全面落实各级河长制责任,明确牵头责任部门、实施主体,共同构建多方合力攻坚的生态环境保护大格局。

2. 健全市场机制

加大政府支持和扶持力度,应安排专项资金用于农村生活污水和生活垃圾处理设施的运行维护。引导企业、社会和个人资本投入,实施市场化运作。完善收费政策,逐步建立符合市场经济规律的污水、垃圾处理收费制度。完善高耗水行业用水价格机制,提高高耗水行业用水价格,征收的水资源费应当全额纳入财政预算,优先奖励农业节水。

3. 强化科技支撑

完善先进适用技术推广服务体系。鼓励创新财税机制激励科技成果的应用推广,加快公共技术服务平台建设,加强水体污染控制与治理科技重大专项、GEF国际合作项目等科技成果的提炼、推广与应用,定期编制和发布先进技术目录,供各地规划项目的设计、招投标、实施等环节参考。

4. 加大执法力度

加大环境执法监督力度,严格按照生态保护红线及相关法律法规的要求,推进联合执法、区域执法,强化执法监督和责任追究。加强生态环境、水务、公安、检察等部门和机关协作,健全行政执法与刑事司法衔接配合机制,增强流域环境监管和行政执法合力,从严处罚环境违法行为,强化排污者责任。

5. 严格考核问责

承德市各县区市、各部门应对《IWEMP 规划》确定的目标、重点任务、工程落实情况进行跟踪分析,加强约束性指标考核和指导性指标评估。对损害生态环境的领导干部终身追责,对重点任务完成不到位的责任单位和主要负责同志实施量化问责。对在生态环境保护工作中涌现出的先进典型予以表彰奖励。

6. 引导公众参与

充分利用现代化信息技术手段,拓宽公众参与渠道,加大滦河流域生态环境保护的宣传力度,建立激励机制,引导公众在建言献策、污染源排放监督等方面积极参与。引导和规范生态环保非政府公益组织发展。依托中小学节水教育、水土保持教育、环境教育等社会实践基地,开展环保社会实践活动。

5 项目成效与经验总结[*]

5.1 项目实施成效——承德市示范区具体实施效果

（1）承德市城市污水及污染物排放量环比进一步减少。

（2）新建污水处理厂污染物削减量明显。

（3）示范区流域污染物削减量明显。

（4）2019～2021年，承德市试点示范项目区河流断面水质达标率为100%，其中Ⅰ～Ⅲ类断面比例为100%，Ⅳ类断面比例为0，Ⅴ～劣Ⅴ类断面比例为0。有6个断面水质指标优于2020年水质目标值1级，7个断面达到2020年水质目标值级别。承德市试点示范项目区水质满足GEF水质目标要求。

（5）基于3E的承德市示范区滦河流域生态系统治理快速推进。强力推进"八百里滦河水质保护工程"，通过"工程＋生物"的方式，全面开展河道生态护岸和河流缓冲带建设、侵蚀沟整治、岸线和河道生态修复等工程，全力打造滦河生态廊道。截至2021年，共实施滦河工程48项，涉及投资20.89亿元，已完工17项，涉及投资12.5亿元，逐步解决滦河、伊逊河水土流失和泥沙影响水质问题。

（6）基于3E的承德市示范区水污染治理效果显著。截至2020年，累计投资41.8亿元，全面实施污水处理、垃圾处理和生态修复等"三年百项治污工程"123项，已竣工107项，新增污水处理能力11.8万 t/d、固废处理能力3 000 t/d，扩建城镇污水管网380余千米。

（7）点源污染排放权交易应用到承德环能热电有限公司新建项目中，可在承德市公共资源交易中心进行交易，在排污总量控制的前提下，使排污许可交易过程简单化，更易于达成。

_* 由李玉刚、刘建飞、纪铁鹏、闫源执笔。

5.2 实施经验

GEF 主流化项目的成功实施,为我国流域的水资源与水环境综合管理提供了一个非常好的示例。项目实施历经 5 年,形成了很多国内领先的技术与管理成果;在实现水资源与水环境综合管理目标的过程中,也克服了很多的障碍和困难,这些都是项目实施过程中的宝贵经验,可以供我国其他流域乃至世界其他流域学习借鉴。为实现流域的水资源与水环境综合管理,从管理到技术,有些核心问题是必须解决的;GEF 主流化项目在这些关键问题方面进行了独特的尝试,并积极归纳总结经验,以使这种良好的机制得以持续地维持下去。

承德市是 GEF 主流化项目重要示范区之一。在充分研究相关流域和区域现状水资源、水环境特点及存在问题的基础上,项目引入基于 ET/EC/ES 的 3E 管理目标。承德市示范区以滦河流域(承德段)为研究对象,进行了一系列的主流化技术方法与创新实践项目,为该流域水环境、水资源的改善提供了治理方向;同时承德市以此为基础,加大对滦河流域的治理力度,并实施了针对性的项目工程,从实际出发,解决滦河流域的水环境、水资源问题。本节对项目主流化技术方法与创新、项目工程等方面的经验进行总结,使读者获知在推进流域水资源与水环境综合管理的过程中,应采取的管理措施、治理对策等。

5.2.1 实施成效

1. 施行流域水生态状况评估与水生态空间管控分区,推进区域水生态和自然资源环境持续健康发展

综合运用 GEF 主流化项目的 ET、EC、ES 的理念,以滦河流域水系为本底,以划定的流域控制单元为基础,综合叠加"水功能区架构—水生态问题识别—土壤侵蚀模数分析—水生生物调查评价"技术成果,突出滦河流域水资源供给保护、水文调节保护、水生态支持的 3 个重点功能,将滦河流域(承德段)划分为 10 个水生态修复管控分区。

开展对滦河流域(承德段)生态环境现状调查,构建流域生态健康评估体系,研究滦河流域(承德段)10 个水生态空间管控分区的水域和陆域生态健康状况。滦河流域陆域生态健康状况各项指标较为均衡且整体评估等级在"良好"以上,主要影响生态健康的因素在水域,面临水资源开发强度大、工业结构性污染和农业面源污染治理等问题,这些是

整个生态系统优先治理的重点对象。

　　滦河流域水生态管理与保护修复围绕京津冀水源涵养功能区、京津冀生态环境支撑区、国家可持续发展议程创新示范区、国际旅游城市功能定位,加强水生态建设,统筹水环境、水资源、水生态保护与修复,以森林、草原、湿地等自然生态系统为重点对象,开展恢复与保护措施,让滦河流域的生态更健康。

　　基于 ET/EC/ES 的 3E 理念开展流域水生态保护与修复。滦河流域(承德段)中上游地区是水土流失较为严重的区域;中下游段受城镇截污管网建设缺口较大影响,面临受到生活污水污染造成的水生态环境破坏现象;且该流域水生态空间范围划定未明确、水生态岸线权责不明,严重制约了水生态的保护力度。开展以"全局统筹、分区治理、夯实基础、突出特色"为核心,以"上游增能力、中游强管控、下游减负荷"为主线,上游健全涵养水源,严格管控生态空间;中游以自然环境承载力为最大刚性约束,加强生态环境治理;下游结合跨区域调水,优化水资源配置格局,具体措施须结合 ET、EC、ES 的流域水资源与水环境综合治理。滦河流域(承德段)开展流域水生态保护精细化、科学化管理与修复,重点推进滦河上游主要水土流失区域生态治理修复,开展河道治理修复和缓冲带建设,提升拦沙截沙能力,恢复河流生态系统,打造良好的人居环境。

　　2. 开展基于 EC/ET 的控制单元达标方案设计,切实保护滦河流域水环境质量

　　运用 MIKE11 模型对承德市滦河流域水环境容量测算以及污染物总量减排进行模拟研究,结果显示滦河流域控制单元所有断面总氮指标基本在每个月均会出现超标现象,化学需氧量、氨氮、总磷指标,除个别断面个别月份化学需氧量及总磷超标外,环境容量均富裕。

　　开展控制单元达标方案设计,以流域环境容量减排为措施时,须基于研究河段排放目标的排放要求,对研究河段污染物排放量较大的入河排污口各项研究指标进行提标改造,承德市应重点以污水处理厂提标改造为主;以流域水资源调蓄为措施时,应基于环境现状和不同目标 ET 对控制单元环境容量进行核算,采用目标 ET 进行水资源调蓄相比基于环境现状的效果更好。结合 ET 的改善潜力和 EC 的管理要求,对滦河子流域控制单元着重开展以下几方面的工作:一是提高水资源利用效率。对上游所属控制单元采取开源措施,以废除或新建水源地、建设水利薄弱环节、调蓄水资源为具体手段;对用水比例较大的农业用水采取节流措施,以完善节水灌溉体系、推广更加节水的灌溉方式、再生水回用灌溉为具体手段。二是继续推进水环境治理。开展坝上地区水土流失治理,采用山水林田湖草沙一体化保护与修复举措;做好雨污分流及污水处理厂提标改造,具体可提标至《北京市污水处理厂污水排放标准》(DB11/890—2012)一级 B 标准;推广水肥一体化的模式,增强农田面源的管控。三是着手生态修复。针对生态流域系统脆弱的河

段,开展风沙治理和流域生态修复,主要包括围场县的小滦河、伊逊河以及后期的围场县的阴河、平泉市的瀑河。

3. 建立控制单元综合状况监测与评估体系,精准实施流域水环境综合治理

(1) 深入重要控制单元水质、水量变化趋势分析与研究,开展水质达标工程保障措施

以滦河国省考核控制单元作为重点控制单元,同年内断面在6~9月的丰水期、3~5月的冰融期水量都有所上升,同时段断面水质出现超标情况也会逐渐增多;对多年断面水质和水量进行分析,断面流量和各项污染物的浓度变化呈现相似的变化趋势,但各断面的水质和流量之间的相关性差。分析重点控制单元主断面水质超标因子,主要超标因子为高锰酸盐指数、化学需氧量和总磷,超标时段多集中在丰水期(6~9月),这是因为滦河上游是重要的水土流失防治区,丰水期大量径流带着泥沙进入河道,导致下游泥沙含量明显增加,从而导致水体中总磷指标严重超标。

滦河流域水污染综合状况监测与评估的必要性体现在:2011~2018年,承德市采取了一系列工程措施保障滦河水质达标,滦河流域上游以关闭污染企业和建设污水处理工程相结合为主要措施,中游以重点污染物减排和畜禽养殖水污染治理为主要手段,下游以建设污水处理与再生利用工程为主,整体水质有所改善,但水质达标率提升并不明显。以研究结果与实践相结合,承德市针对不同河道段,采取不同手段进行治理修复,滦河流域上游将改为以水土流失治理工程为主,流域综合管理效果评估显示,2019~2020年控制断面水质达标率均提升至100%。

(2) 进行滦河承德段水资源分析,开展水资源管理

根据降水量、入境流量、出境流量、总可控耗水、可控与不可控ET等多项指标,得到滦河流域(承德段)各控制单元现状目标ET,从而可制定承德市不同控制单元的水资源保障措施。具体以实施用水总量与强度双控、推进农业节水增效、加强污水处理厂中水回用为重点,规划下一阶段控制单元重点任务,保障"真实节水",同时能使水资源得以合理利用。滦河流域上游以健全农业节水管理措施、探索灌溉用水总量控制与定额管理、加强灌区监测与管理信息系统建设为重点手段;滦河流域中游以推进规划水资源论证制度、严格建设项目水资源论证、分乡镇分行业制定年度用水计划并严格执行、鼓励和支持高效节水项目为重点手段;滦河流域下游以实施污水处理厂及排水企业中水回用工程、推动中水回用设施及配套管网建设、提高中水回用率为重点手段。

4. 提出一系列流域水资源与水环境综合管理的创新技术和创新方法

(1) 应用基于遥感的非点源污染技术方法,为流域水环境管理政策的制定提供可靠依据

以承德市滦河流域作为基于遥感的非点源污染技术方法应用示范区,结合承德市遥感影像和野外调研情况构建了非点源污染数据库,采用DPeRS模型对承德市滦河流域

非点源污染量进行空间核算,主要对承德市滦河流域农田径流型、农村生活型、畜禽养殖型、城镇径流型和水土流失型 5 种类型 TN、TP、NH_3-N 和 COD_{cr} 非点源污染负荷进行了空间核算。将空间遥感数据与地面监测数据相结合,对流域非点源污染及点源污染空间分布特征等因子进行识别和分析,实现了非点源污染特征和水土流失风险关键源区的快速识别,为流域水环境管理政策的制定提供可靠依据。

(2) 应用水会计和水审计,为工业园区 3E 管理提供约束指标

本项目将水会计和水审计理论进行应用,创新水平衡及水审计方法,在工业园区构建了涵盖 4 个层级 110 个用水单元的多层级多节点网络水平衡模型,形成了合规性、生态环境性、社会性、技术性、经济性五大维度、25 项指标的水审计指标体系。从工艺、部门和园区 3 个层面出发,全面测算这些指标体系在水资源园区全流程生产中的分布与流动,精准识别单一用水单元及任意用水单元组合的水平衡状态,并进一步开展涉水企业取用耗水分析、节水潜力分析和水会计核算。依据水会计结果和实地调研,开展五维水审计指标综合评价,分析了工业园区对水资源、水环境和水生态的影响,协助解决工业园区存在的水资源分配不合理、利用不充分等问题,为工业园区水精细化管理提供科学依据和策略。

5.2.2 "两手抓"工程项目实施

1. 制定了专项方案和规划,开展针对性的治理措施

2016 年 6 月,承德市根据国家《水污染防治行动计划》以及《河北省水污染防治工作方案》,印发了《承德市水污染防治工作方案》(以下简称《方案》),该《方案》提出了 40 项举措,并对各举措的工作任务进行了分解,明确了责任分工,定期开展督导检查,深入推动水污染防治工作;并提出到 2020 年,努力实现全市水环境质量总体改善,水生态环境状况明显好转,到 2030 年,全市水环境质量全面改善,水源涵养能力进一步增强,水生态系统实现良性循环。并先后编制了《承德市柳河 26 号大桥水体达标方案》《承德市滦河上板桥大桥断面水体达标方案》《承德市瀑河党坝断面水体达标方案》等具体河段水体达标方案,针对不同河流的具体情况,以水质改善达标为核心,开展具体任务措施。2018 年 10 月,为进一步提升承德市流域生态环境质量,确保水源涵养功能效果显著,承德市颁布实施了全国第一部水源涵养功能区保护条例,即《承德市水源涵养功能区保护条例》。2019 年,承德市政府工作报告中提出"编制实施滦河生态保护规划",以规划来指导未来在流域范围内开展生态环境保护、水源涵养等工作,并于当年 7 月正式开始承德市滦河流域生态保护规划编制工作。2019 年 4 月,承德市印发了《承德市潮河流域生态环境保护规划(2018～2025 年)》。

以上治理专项方案和规划，为承德市各重点流域的治理指明了方向、制定了具体措施，为更有效地提高流域水生态环境奠定了坚实的基础。

2. 建立自上而下管理体系，实施精准管控方略

承德市按照"短期保达标，长期治根本"目标，以地表水考核断面达标、水质差异化管控、污水处理厂监管、水质监测为节点，进一步突出精细化管理。

承德市全面建立了市县乡村四级河湖长制组织体系，由市县乡三级党委和政府主要负责人担任双总河湖长，层层压实各级河湖长责任，形成了纵向贯通、横向连接、全覆盖的治河责任链，切实强化了各级党委、政府河湖管理保护主体责任。全市13个县（市、区）、217个乡（镇、街道办事处、园区管委会）及2 487个村（社区）分别设立市县乡村四级河长4 866人。其中，427名党委、政府主要领导担任总河长，区域内河流（河段、水库、湖泊）分级分段设立市县乡村四级河长共4 439人，境内1 500条河流、5座天然湖泊、96座水库和避暑山庄湖区实现了区域内河湖河长"全覆盖"。

承德市实行"一断面一策"目标管理。在河北省全省率先实施了"一断面一策"管理制度，针对全市19个国省考核断面，根据不同断面的污染源和水质情况，逐一明确短期应急和长效治理对策，细化工程治理和监管举措，明确时限、责任到人，全部实施清单式管理，确保短期达标、长期改善。

3. 考虑污染时空变化特征，突出"四个时段"，实施有的放矢的差异化管控

承德市紧紧把握枯水期、凌汛期、汛期、平水期4个时段，根据不同水文特征、水质变化趋势，实施差异化管控措施。

枯水期，河流自然流量最低，污水处理厂尾水占比较大，是主要污染源。以污水处理厂尾水为关键，严格执行应急出水标准，降低出水浓度，确保其高效运行，超低排放。

凌汛期，合理调控上游水库水量是管控的重中之重，一旦水库和小电站放水，流量骤增，就会出现流域长时间、大幅度水质超标。因此，承德市采取对域内水量管控机制和域外水量协调机制，严把上游水库和小电站放水时间，严控放水水量，严防非正常超标，确保水质平稳。

汛期，是水质最易超标时期，强降水会导致泥沙大量下泄、污水处理厂严重溢流。承德市加强预警会商，提前做好河道清理，加快建设固坝拦沙、生态护岸等工程，防止泥沙大量下泄；加快推进城市雨污管网分流改造，降低污水处理厂压力，防止污水外溢。

平水期，水量小、流速慢，加之气温升高，水体极易产生富营养化。针对这一问题，承德市深入开展河道清淤整治，保持水流畅通；实施湿地等水源涵养工程，保障生态基流。

4. 水污染治理统筹推进、分批实施，保障水环境质量稳步提升

承德市水污染成因复杂，但总体而言，主要归结为基础设施短板突出、地质水文影响

大等。要解决这些问题，必须以工程治理为抓手，在科学规划的基础上，"科学治水、系统治水和精准治水"，切不可眉毛胡子一把抓。近年来，承德市坚持突出重点难点，以点上突破，带动流域水质整体改善。按照城乡统筹、源头治理的思路，以生活污水截污纳管为重点，投资近1亿元实施武烈河流域水环境综合整治工程，建设主干、分支管网，扩大收水范围、全面封堵入河排污口，目前武烈河水质已由Ⅳ类、Ⅴ类全线稳定达到Ⅱ类。围绕断面水质改善，2018年承德市又全面实施了"三年百项重点治污工程"，加快补齐城乡污染治理短板，实施河道综合整治。到2019年底，全市城镇污水处理能力较2015年提升了52%，城镇生活垃圾处理率达到95%，城市和县城污水收集处理率分别达到94%和88%。偏桥子大桥、李台、26♯桥、党坝、上板城大桥等长期因生活污水排放致水质频繁超标的断面，水质大幅改善，部分断面已经实现了稳定达标，下游断面水质也因此得到了进一步提升。

5. 发展基于3E的滦河流域(承德段)水资源与水环境综合技术平台

项目开发应用了1个市级管理平台和数据库。推广技术和管理上的创新，有助于实现滦河流域新的ET/EC目标。

基于耗水(ET)、环境容量(EC)及生态系统服务(ES)的承德市水环境综合监管智慧平台系统，以解决实际问题为理念，依据水环境监测信息管理运行方式特点，结合当前信息化及大数据先进手段，对主要涉水污水处理厂全过程数据接入，水资源、水生态数据接入，河流水域主要控制单元水质监测数据接入，各监测断面的监控视频接入，实现基于GIS信息的展示、实时监测预警/报警、趋势分析统计，完成对水环境的综合监控，从而为全市水环境管理提供高效管理和决策支持。

6. 开展流域综合治理，实现水环境、水资源持续改善

在资料收集与现场调研的基础上，在滦河流域(承德段)水生态环境的综合治理中，精准识别滦河流域的主要问题，追溯根本原因，突出重点，把握目标。坚持问题导向与目标导向，以水生态环境质量为核心，结合"环境管理"与"综合治理"双手段，系统治理坚持山水林田湖草沙是一个生命共同体的科学理念，通过一河一策精准施治和统筹水资源、水生态和水环境"三水"治理，持续改善滦河流域(承德段)水生态环境，实现滦河流域(承德段)水生态环境长久智慧化、系统化、精细化治理。具体技术路线图如图5-1所示。

5.2.3 项目创新经验的总结

GEF主流化项目承德市示范应用成果在实施过程中，形成了很多国内外领先的技术成果和管理经验。归纳起来，承德市示范应用成果的创新点主要体现在以下几个方面：

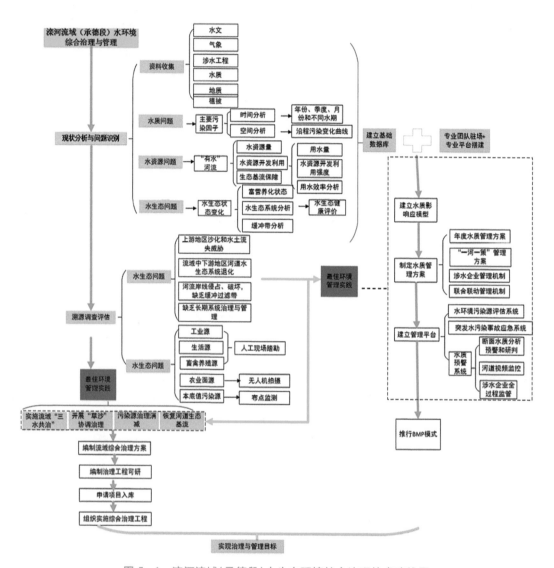

图 5-1　滦河流域(承德段)水生态环境综合治理技术路线图

1. 创新了滦河流域(承德段)水资源与水环境综合管理部门合作机制

（1）签订四方合作框架协议。生态环境部和水利部 GEF 主流化项目办与承德市生态环境局、水利(水务)局签署了四方合作框架协议，为滦河流域(承德段)流域规划编制、水环境管理平台建设等工作提供机制保障，有效地解决了项目实施中的水质、水量数据共享等问题，积极地促进了部门间合作，今后还将在"十四五"流域水环境保护中继续发挥沟通协调作用。

（2）开展"自上而下"和"自下而上"的双向互动。海河流域水资源与水环境综合管理是一系列"自上而下"和"自下而上"的双向互动。"自上而下"的活动包括建立法律、政策,规章制度、标准以及水分配计划;"自下而上"的活动包括在项目县(市、区)一级(含乡镇、村级以及个体用水者)进行的水资源与水环境综合管理活动的规划和实施,包括水权、打井许可管理、污染排放控制、产业结构调整、"真实节水"措施、废污水处理及中水回用等。建立"自上而下"和"自下而上"的合作机制,是 GEF 海河项目和 GEF 主流化项目成功实施的关键,也是各子项目专题研究与试点示范项目技术成果相互补充完善的途径。

(3) 最大限度地进行横向和纵向的结合。实现流域和区域水资源与水环境综合管理目标的关键是最大限度地进行横向和纵向的结合。横向结合主要是跨部门间的合作,包含生态环境部和水利部之间的横向合作,与农业农村、城乡建设、自然资源等其他部门之间的协调与合作,以及与这些机构相对应的各省、市、县机构之间的合作。项目的成功之处还在于行政层面的纵向合作,体现了国家级、海河流域级、滦河流域级、承德市和石家庄市级生态环境及水利(水务)部门之间的持续沟通与互动。同时,该项目最大限度地进行横向和纵向的结合,建立了横向和纵向的项目协调机制,签订了水资源与水环境综合管理规划(IWEMP)编制与实施合作协议,从体制与机制上为实现流域和区域水资源与水环境综合管理提供了制度保障。

2. 创新了承德市工业园区基于耗水(ET)的水会计与审计示范

承德市工业园区基于耗水(ET)的水会计与审计示范是根据河北省承德市相关工业园区的发展现状,水资源利用特征,污染物排放特点,工业园区取水、输水、配水、用水、渗漏、蒸发、消耗、排放、处理、再利用等全过程水量监测及工业园区水质监测等水资源数据,通过构建工业园区基于耗水的水平衡模型,再以耗水(ET)、环境容量(EC)、生态系统服务(ES)为目标,建立工业园区层面水资源使用调整,构建园区层面水审计指标评价体系,对河北省承德市相关工业园区进行系统的耗水审计评估,识别诊断园区在取水、用水、退(排)水全过程存在的问题,识别现有政策标准、管理体制存在的缺陷或不足,从政策、管理、技术角度提出综合管理耗水与水环境容量的改进建议与对策。

(1) 方法创新。遵循水量平衡的原则,构建了涵盖 4 个层级 110 个用水单元的多层级多节点水平衡网络化模型。该模型从工艺、产线、部门和园区 4 个层面出发,全面且精细地测算了整个园区及每个计算节点取水、用水、耗水全过程的水资源消耗情况,精准识别单一用水单元及任意用水单元组合的水平衡状态,便于企业进行系统内部取用耗水分析、节水潜力分析,为园区水精细化管理提供科学依据和策略。

(2) 技术创新。基于水资源、水环境、水生态的 3E 理念,提出了一套水平衡—水会计—水审计集成的"三水"综合技术方法体系,其技术立足于示范园区取水、输水、配水、用水、渗漏、蒸发、消耗等用水全过程,结合示范区多层级多节点的实际,在合规性、生态环境性、经济性的审计基础上,增加了技术性和社会性维度。维度的补充和指标的构建均充分考虑了工业园区耗水和外部特征的交互影响。

(3)示范工作成果形式创新。选择承德钢铁工业园区作为示范区,在充分交流与数据收集基础上,深入分析工业园区工艺流、耗水流和数据流传递关系,对水平衡—水会计—水审计(三水)综合技术方法体系予以示范,形成从物质流到数据流到评价指标的数据链标准化技术,形成一套包含目标、原则、模型、流程、技术的实施工具,对工作流程中从准备—实施—分析—报告4个阶段给予成果展示,对指标计算过程套表、关键节点文件等给予多样形式的示范展示。

3. 创新了承德市级水资源与水环境综合管理规划(IWEMP)新方法

在充分研究区域水资源现状、水环境特点及存在问题的基础上,引入 ET/EC 管理先进理念和技术方法,以知识管理(Knowledge Management,KM)开发和遥感 ET 技术开发应用作为技术支撑,通过各种工程和非工程措施,有效缓解海河流域和有关省(区、市)及示范项目县(市、区)水资源短缺问题,改善水环境质量,恢复水生态状况,实现水资源与水环境综合管理。

通过水资源与水环境综合管理规划的综合实施,计划到 2025 年,滦河流域生态环境得到明显改善,水源涵养功能进一步提升,水资源得到有效保护和合理利用,滦河干流水质持续优良,流域各断面水质类别情况达到国家和河北省的考核目标要求且持续向好;主要污染物排放量大幅减少,区域环境风险得到有效控制。节水型生产和生活方式基本建立,全社会节水意识明显增强。进一步减少土壤侵蚀、水土流失面积,生态系统稳定性进一步增强,生态文明建设先行示范效果显著。到 2035 年,滦河全流域水生态环境根本好转,水生态系统功能全面恢复,水资源、水生态、水环境统筹推进格局基本形成,实现滦河水清、河畅、岸绿、景美的河湖景观。

滦河子流域及承德市水资源与水环境综合管理规划(IWEMP)的研究编制和实施管理,应切实以新时期生态文明建设思想为指引,深入分析解决承德市滦河流域目前存在的水环境突出问题,在提出基于 ET/EC/ES 的滦河流域目标值分配计划(TVAP)的基础上,进一步研究确定承德市水资源与水环境综合管理规划(IWEMP)相关内容,为进一步改善该地区的水资源保护和水生态环境状况、消除水环境风险隐患,提供重要的决策支撑和努力方向。

通过以水资源与水环境综合管理实施为主要措施,承德市的主要水污染物排放总量得到了有效控制,集中式饮用水水源地得到治理和保护,重点工业污染源实现达标排放,城镇污水治理水平显著提高,污染严重水域水质有所改善,流域水环境监测监管以及水污染预警和应急处置能力显著增强。

　　项目实施期间,项目办和承担单位通过新闻媒体广泛宣传 GEF 主流化项目理念和进展,比如,承德市生态环境局制作了滦河子流域水污染防治专题宣传片,介绍 GEF 主流化项目在滦河子流域水环境保护中的作用,向国内外讲好中国水环境保护故事。